SHUXUE SHIYAN WANG

数学实验王

时间怎么能称出来

吴恢銮 ◎编著

（初级篇）

U0221989

浙江少年儿童出版社·杭州

《数学实验王》丛书编写人员名单

主　编　吴恢銮

编　委

张　麟	姚俊俊	吴玉兰	王润毛	沈美莲
陈　钧	姚以婵	陈　银	周　洁	邓招徒
孟　敏	刘　璨	沈　楠	王雪晴	鲍赛红
吕　彤	张　锋	王旭程	钱于剑	陆军芳
华丽英	董周涛	赵　忠	梅晓洁	裘莹莹

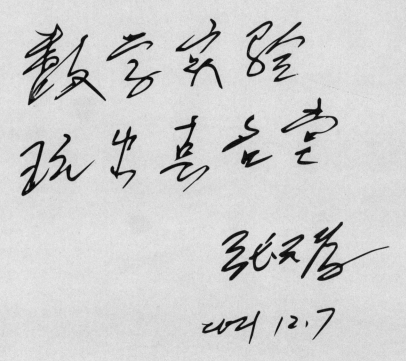

数学实验
玩出真名堂

张天孝

2024 12.7

张天孝，全国著名数学教育家、浙江省功勋教师

专家推荐

我一直提倡"玩做数学"的教育理念，创新人才不是靠"刷题"刷出来的，孩子的"奇思妙想"是在"玩做"中诞生的。"数学实验"就是"玩做数学"的一种重要载体，抽象的数学通过简单的材料、有趣的实验，变得生动活泼，让孩子体验到数学的美妙和真谛。书中的每个数学实验，都是孩子们的研究历程，这种实践机会积累越多，将来创造发明的可能性就会越大。

——国家义务教育数学课程标准制定组组长　北师大中国教育创新研究院院长
北师大版小学数学教材主编　**刘坚**

对孩子来说，深度理解数学知识，理解数学知识产生的场景，经历从具象到抽象的丰盈过程，这比简单刷题重要太多了。这是一套会让孩子不恐惧数学、理解数学真谛、爱上数学的书，数学真的可以玩着学。

——前央视著名主持人　中国最具影响力的 30 位商界女性　**张泉灵**

吴恢銮老师带领他的学生玩数学、做数学，用数学实验激发儿童的好奇心，激发儿童灵动的创造性思维。可以说，数学实验为数学学习打开了一扇通往数学之源、数学之品、数学之用、数学之奇、数学之美、数学之谜的创造之门。这是一套适合每个孩子阅读和动手做数学的好童书。

——全国知名校长　资深家庭教育专家　数学家陈昊父亲　**陈钱林**

数学可以拿来玩吗？数学可以拿来实验吗？怎么让数学变得有滋有味呢？吴老师和他的团队建设了属于孩子们的"数学实验室"，带领孩子们花长时间玩数学，花长时间实验数学，这些数学实验不仅适合深度阅读，更是启迪孩子们全身心投入研究，像数学家一样研究数学。

——全国著名特级教师　首都基础教育名家　正高级教师
华应龙

数学原来可以那么有趣，还可以动手做出这么多"数学"来。天长小学的同学们在老师的带领下，设计了一系列的数学实验，充满奥妙，常有惊喜，这既能巩固数学知识，更能积累数学活动经验。活动之余，他们把"实验"编写成"读物"，让精彩重现。如果你愿意，不仅可以读一读，还可以做一做哦。

——教育部基础教育数学教学指导专委会委员　国家义务教育数学课程标准修订组核心成员　全国著名特级教师　正高级教师　**唐彩斌**

数学实验可以有两类，一是"操作实验"，以动手的方式帮助理解数学概念；二是"思想实验"，在数学抽象、推理、建模等理性思维活动中形成数学能力。这套丛书设计了多种"操作"和"思想"的数学实验，有很强的实操性。相信本书能为更多学生深刻理解数学概念、更好形成数学能力提供助益。

——温州大学教授　北师大版小学数学教材编委　**章勤琼**

数学实验，让孩子们有机会从"坐中学"到"做中学"。在这个过程中，孩子们动手、动脑，合作、交流、表达，既经历"实践出真知"的认知建构过程，也经历与他人交流互动的社会交往过程。这一过程，让学习更有长远的价值和意义！因此，这套丛书中的数学实验值得更多的家长和老师带着孩子们去尝试！

——北师大中国教育创新研究院首席专家　《小学数学教师》副主编　**陈洪杰**

"学得扎实，玩出名堂"是我们学校的校训，用实验的方式学数学、玩数学，让数学学习有了探究性、操作性和趣味性，学生在实验中，体验深刻、乐此不疲，不仅学得扎实，更是玩出创造玩出智慧。这套丛书融阅读与探究为一体，是一项极有意义的数学探究性长作业，值得借鉴与推广。

——杭州天长小学校长　全国著名特级教师　正高级教师
享受国务院特殊津贴获得者　**楼朝辉**

学数学如果主要是记记记，练练练，没有提问，离开探究，那只能成为一个"做题家"，可数学探究需要时间和空间。"数学实验室"的美妙在于吴老师用超简单的材料，超经济的时空，超好玩的切入口，让孩子的"身心"迅速进入到实验中，然后跟进点拨，让孩子感悟到那些数学概念、口诀、定理从何而来。这种局部的慢学习，会让孩子赢得未来。

——全国著名特级教师　正高级教师　**蒋军晶**

写给家长朋友的信

家长朋友好：

不知道家长朋友们认不认同这样的观点：玩是孩子的天性，玩也可以说是天地之间学问的根本。但是现在的孩子可能没有更多的时间玩，更不要说用玩的理念学好数学了。

有些着急的爸爸妈妈，总是把孩子要学习的数学知识提前再提前，98% 的刚入学的儿童就会 20 以内加减法计算，甚至会两位数、三位数的加减法计算，但能说这些孩子学习数学时眼中有光吗？不断前置的"训练式学习"，不断与升学竞争挂钩的"功利性学习"，让孩子感到太累了，更可怕的是还严重弱化了孩子自主探索的能力，丧失了学习兴趣与创造力。

数学对于孩子来说或许有些难，因为比起语文，数学显得抽象、枯燥，不容易理解，导致有些孩子认为数学不讲道理，甚至让人摸不着头脑。

有什么好办法让孩子喜欢上数学，迷恋上数学？有什么好办法让孩子喜欢上探索数学、实验数学？我想最好的办法就是还给孩子们数学原来的样子。翻开数学发展史，我们就知道数学不仅仅是抽象的、严谨的，数学还有另外一面，数学其实是可以猜想的、实验的、探究的，数学是可以动手操作的，数学是最贴近孩子们玩的。

在数学家保罗·洛克哈特看来，真正的数学学习应该是：丢给学生一个好的问题，让他们花力气去解决，看看他们能得到什么。直到他们亟须一个想法时，再给他们点拨，给点思想，给点技巧……

这套《数学实验王》是我和团队用十年时间和孩子们玩数学、实验数学的成果结晶。实践证明，这些孩子通过玩数学、实验数学，改变了对数学的看法，改进了数学学习方法，对数学的情感与日俱增，数学兴趣、解决数学复杂问题的信念和方法，都明显好于对照班。这些孩子在玩哪些数学问题呢？

比如我给孩子提这样的问题：蜗牛爬得到底有多慢，有什么好办法可以测量出蜗牛爬行的速度？野生蜗牛和家养蜗牛哪种爬得快？

比如我给孩子提这样的问题：给你一张 A4 纸，用剪刀剪出一个圈，然后让自己从这个圈里穿越过去，你能做到吗？

再比如我给孩子提这样的问题：见过绿豆吗？有人异想天开，要用绿豆测量树叶的面积，这能做到吗？这个研究方案该怎样设计呢？会用到哪些数学知识和方法呢？

面对这些源于生活中的数学问题，孩子们迷恋上了，因为他们觉得这样学数学是一件非常好玩的事情。

这套书有别于市面上的数学习题集、奥数书，因为我们倡导"玩做学合一"的学习理念，把抽象的概念、公式、规律迁移到可操作、可实践、可审辩、可尝试的数学实验场景中，进行较长时间的独立研究与合作交流，在一个相对安全与自由的学习空间里实验、尝试与创造，从而实现数学学习从"训练式"向"研究式"转型。

这套书中所有的数学问题，都是孩子们实验过和研究过的。你看这些孩子，是不是可以像数学家一样实验数学、研究数学？

这套书由五个维度的数学实验组成，"数字关系实验"重在培养孩子们的数感、量感及运算能力；"空间想象实验"重在培养孩子们图形与图形关系及空间推理与想象力；"数据分析实验"重在培养孩子们用统计的眼光发现问题，用统计的数据分析问题，让孩子们从小养成用数据说话和分析的素养；"数学推理实验"重在培养孩子们归纳推理能力，这些原本极度抽象的推理，因为直观操作，变得生动有趣，降低了思维难度；"数学建模实验"重在培养孩子们应用数学的意识。五个维度的数学实验，目标都是指向培养孩子们的数学核心素养和创新能力，为他们终身学习数学、热爱数学奠定基础。

我相信每个读过这套书的孩子一定会明白，原来，数学并不枯燥，而是可以玩耍、可以动手操作、可以无限创造的实验乐园。

如果您通过阅读这套书，认同了我们的理念，那么请您推荐给您的孩子。他们一定会迷恋上数学，迷恋上数学实验的！

吴恢銮

2021 年 10 月

写给小朋友的信

小朋友好：

称呼你为小朋友，不知道你愿不愿意。为了让我们更加熟悉，我们玩一个十分神奇的数学小实验，实验规则是这样的：

准备一个计算器，并用计算器按照以下步骤进行计算：

第 1 步：将自己的出生月份乘以 4，加上 8。

第 2 步：将步骤 1 的答案乘以 25，再加上自己的出生日期。

第 3 步：算好后，把计算结果减去 200。

你有什么惊奇的发现？啊，这个数，就是你自己的生日呀！

这是什么道理呢？数学如此神奇！

这套书里的数学实验都特别好玩，也特别能挑战你的智慧。这些数学实验都是和你同龄的小朋友们自己研究出来的。他们热爱数学，通过玩一玩、做一做、想一想，研究了很多好玩的数学问题。

有人花一个暑假数了 10000 粒红豆，但他说自己收获了很多，便迷恋上了数学；有人研究出了一种测量工具，能测出蜗牛爬行的速度；还有人异想天开用绿豆测量树叶的面积，一群小伙伴研究了好几天，竟然成功了……

这里的每个数学实验，都是一座知识探险堡，充满乐趣和挑战。

这里的每个数学实验，都是一座魔法游乐园，充满神奇和智慧。

这里的每个数学实验，都是一场思维历险记，充满探索和发明。

不管你原来的数学水平怎么样，也不管你原来喜不喜欢数学，只要你阅读了这套书，动手做一做书里的实验，想一想道理，写一写感受，你就会像数学家一样在研究数学、思考数学，从此更加热爱数学！

著名数学家陈省身说"数学好玩"，用实验玩数学，可以玩出大名堂。祝每个小朋友都能迷上数学，玩转数学！

你们的大朋友：吴恢銮

2021 年 10 月

目录

（初级篇）

第 1 章

数字关系实验

你数过 10000 粒红豆吗？猜一猜你得花多少时间？一个小伙伴数了一个暑假，这是真的吗？流逝的时间能称出来吗？这是不是有点异想天开？但真的有小伙伴这样去实验了，而且居然成功了。

如果你想对数字关系更加有感觉，那么赶紧看看、玩玩这些数字关系实验吧！

1 "100" 可以怎么 "变形"

（难度：★★☆☆☆）

为什么做这个实验

孟老师：我们刚刚认识了 "100"，这个数是不是看起来很特别呀？

小米：因为 1 后面跟了两个 "0"。

小徐：它是一个三位数。

小林：孟老师，如果 10 个 10 个数，数 10 次，就是 100 了。

……

孟老师：今天留一个有关数学小实验的作业，回家找 100 个同样的物品，用不同的方法进行数数，看一看，分别要数多少次？再想一想，100 能不能表示成加法、减法，或者有没有可能表示成除法？大家勇敢地试一试，让 100 来个 "变形"。

棋子 ←

水果 →

硬币 ←

积木 →

莲子 →

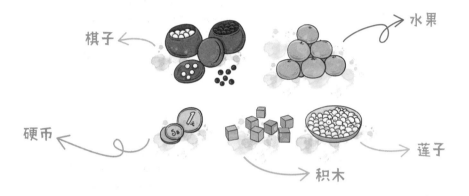

这样来做

我们都知道 1 个 1 个地数，100 个 1 是 100。除了 1 个 1 个数，还可以怎么数呢？

实验① 数棋子

① 2 个 2 个地数，要数 50 次，说明 50 个 2 是 100，$2 \times 50 = 100$；
$\underbrace{100 - 2 - 2 - 2 \cdots\cdots - 2}_{\text{减 50 次}} = 0$；

还可以用除法表示：$100 \div 2 = 50$。

$2 \times 50 = 100$

② 4 个 4 个地数，要数 25 次，说明 25 个 4 是 100，$4 \times 25 = 100$；

$$100 - \underbrace{4 - 4 - 4 \cdots\cdots - 4}_{\text{减 25 次}} = 0;$$

还可以用除法表示：$100 \div 4 = 25$。

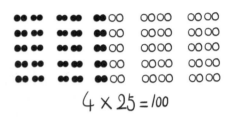

$$4 \times 25 = 100$$

③ 10 个 10 个地数，要数 10 次，说明 10 个 10 是 100，$10 \times 10 = 100$；

$$100 - \underbrace{10 - 10 - 10 \cdots\cdots - 10}_{\text{减 10 次}} = 0;$$

还可以用除法表示：$100 \div 10 = 10$。

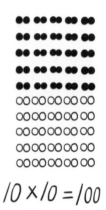

$$10 \times 10 = 100$$

实验② 数硬币

① 1 元 1 元地数，100 个 1 元是 100 元，
$1 \times 100 = 100$；

② 5 角 5 角地数，200 个 5 角是 100 元，
$0.5 \times 200 = 100$；

③ 1 角 1 角地数，1000 个 1 角是 100 元，
$0.1 \times 1000 = 100$。

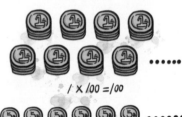

$$1 \times 100 = 100$$

$$0.5 \times 200 = 100$$

$$0.1 \times 1000 = 100$$

你想知道 100 元可以买些什么东西吗?

① 橡皮每块 5 元，可以买 $100 \div 5 = 20$（块），所以 100 由 20 个 5 组成。

② 橙子每个 10 元，可以买 $100 \div 10 = 10$（个），所以 100 由 10 个 10 组成。

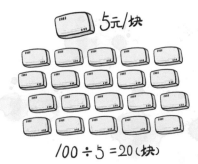

$100 \div 5 = 20$（块）

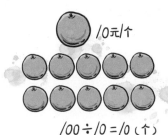

$100 \div 10 = 10$（个）

③ 芒果每个 30 元，可以买 $100 \div 30 = 3$（个）……10（元），剩下的 10 元还能再买 2 块橡皮，所以 100 还可以由 3 个 30 和 2 个 5 组成。

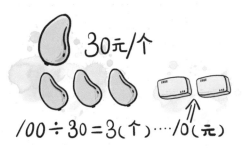

$100 \div 30 = 3$（个）……10（元）

实验❸ 数长度单位的个数

我发现：10 个 1 厘米等于 1 分米，10 个 1 分米等于 1 米，10 个 10 厘米等于 1 米，$10 \times 10 = 100$（厘米），所以 1 米有 100 个 1 厘米。

10 个 1 厘米 = 1 分米

10 个 1 分米 = 100 厘米 = 1 米

$10 \times 10 = 100$ 厘米

我发现 10 个 10 是 100！你们发现了吗？
其实还有很多同学同样探寻到了生活中的 100，我们一起去看看吧！

会发生什么

我们发现 100 可以这样表示：

乘法表示	除法表示	加法表示	减法表示
$1 \times 100 = 100$ 或 $100 \times 1 = 100$	$100 \div 1 = 100$ 或 $100 \div 100 = 1$	$1+1+1+\cdots+1=100$ （100 个 1）	$100-1-1-\cdots-1=0$ （100 个 1） 或 $100-100=0$
$2 \times 50 = 100$ 或 $50 \times 2 = 100$	$100 \div 2 = 50$ 或 $100 \div 50 = 2$	$2+2+2+\cdots+2=100$ （50 个 2） 或 $50+50=100$	$100-2-2-\cdots-2=0$ （50 个 2） 或 $100-50-50=0$
$4 \times 25 = 100$ 或 $25 \times 4 = 100$	$100 \div 4 = 25$ 或 $100 \div 25 = 4$	$4+4+4+\cdots+4=100$ （25 个 4） $25+25+25+25=100$	$100-4-4-\cdots-4=0$ （25 个 4） 或 $100-25-25-25-25=0$

乘法表示	除法表示	加法表示	减法表示
$5×20=100$ 或 $20×5=100$	$100÷2=50$ 或 $100÷50=2$	$\underbrace{5+5+5+\cdots+5=100}_{(20个5)}$ 或 $20+20+20+20+$ $20=100$	$\underbrace{100-5-5-\cdots-5=0}_{(20个5)}$ 或 $100-20-20-20$ $-20-20=0$
$10×10=100$	$100÷10=10$	$\underbrace{10+10+10+\cdots+10=100}_{(10个10)}$	$\underbrace{100-10-10-\cdots-10}_{}$ $=0$ $(10个10)$
$200×0.5=100$ 或 $0.5×200$ $=100$	$\cdots\cdots$	$\underbrace{0.5+0.5+0.5+\cdots+0.5=100}_{(200个0.5)}$	$\cdots\cdots$
$1000×0.1=100$ 或 $0.1×1000=100$		$\underbrace{0.1+0.1+0.1+\cdots+0.1=100}_{(1000个0.1)}$	
$\cdots\cdots$		$\cdots\cdots$	

我们还可以用这样的图来表示，请看：

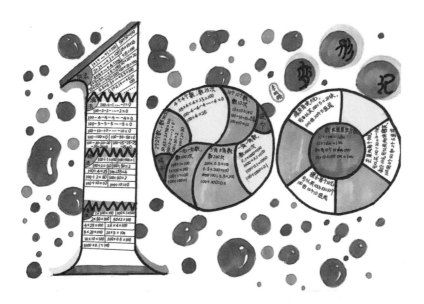

小贴士

　　"100"可真是一个有趣的数，可以用棋子 10 个 10 个地数，可以用硬币 1 角 1 角地数，甚至还可以用 5 元钱的橡皮来数出 100 元……在这些看似普通的物品里，都有"100"的踪影。有时它是"1×100"，有时它又是"50 ＋ 50"，它还会变成"5×20"。但无论怎么变，它的本质还是 100。这次的数学小实验让我们感受到了数可以用不同的形式表现，但它们还是有一定的区别，比如用乘法改进加法，计算变得更方便了。这让我们不得不感叹：九九八十一变，万变不离其宗。

知道吗

1. 阅读

　　数学最主要的形式——计数。我们可以数手指，数家人，数一日几餐。无论数的是什么，我们的计数系统都做同样的事：从第一个数 1 开始，不断加 1，直到得出我们要数的那个东西的确切数量；当数量比较大时，我们就选择更加先进的方法：按群计数，比如数 100 个橘子，我们可以 2 个 2 个数，5 个 5 个数，10 个 10 个数，这比 1 个 1 个数就方便很多了。

　　我们可以把 1 累加构成任何整数，也可以反过来从任何数中去掉 1，这样就产生了减法，可以 1 个 1 个减，也可以 5 个 5 个减。

　　乘法法则跟按群计数很有关系：仅仅是把多次按群计数的方法改进一些，变成一种更加简单的记录方式。5 个 5 个数，数 3 次，用加法表示：5 ＋ 5 ＋ 5，用乘法表示就是 3 个 5 相加，写成 3×5，这样就方便很多。

除法是对减法的改进，100 这个数，5 个 5 个减，减 20 次就是 0，我们可以这样写：100÷5 = 20。这样就很方便。

看来，从单个计数，到按群计数，再到加减乘除运算的创造，都是为了让计数更加快速一些，它们之间真的有"血脉关系"哦。

2. 探索

在数字表上，连接相加得 50 的两个数，比如，1 和 49，9 和 41，16 和 34……用线段连接这些数之后（如下表所示），你有什么发现？

1	2	3	4	5	6	7	8	9	10
11	12	13	14	15	16	17	18	19	20
21	22	23	24	25	26	27	28	29	30
31	32	33	34	35	36	37	38	39	40
41	42	43	44	45	46	47	48	49	50

② 数"10000"粒豆要多久

（难度：★★☆☆☆）

为什么做这个实验

爸爸：你认识 10000 吗？

儿子：当然认识啊，一万就是"1"后面跟着 4 个"0"嘛。

爸爸：是的，是个五位数，你觉得 10000 有多大呢？

儿子：不就是 10000 里面有 10 个 1000，或者 100 个 100，就是这么大。

爸爸：是的，10、100、1000、10000 都是计数单位。既然你都知道，你敢接受数 10000 粒红豆的挑战吗？

儿子：爸爸，这算什么挑战呀，也太简单了吧！

爸爸：先别急着下结论，你猜一猜，你得数多长时间？

儿子：最多 20 分钟吧。

爸爸：好的，我已经给你准备了一大袋红豆，哈哈，你开始挑战吧！

小木框子

直尺

透明塑料袋

纸槽

红豆

小盒子

这样来做

我们都知道 1 个 1 个地数,100 个 1 是 100。除了 1 个 1 个数,还可以怎么数呢?

① 初战告捷

从 1 开始,1 粒 1 粒地数,一直数到 100 粒。

1 粒 1 粒数

每 100 粒装进 1 个小袋子,数完 10 小袋,用夹子夹在一起就是 1000 啦。

100粒

② **再战遇挫**

　　1 粒 1 粒连续数真是太麻烦了！我就开始 5 粒 5 粒数、6 粒 6 粒数，7 粒、8 粒、9 粒、10 粒……还用乘法口诀数，这样就快多了！

5 粒 5 粒数

　　但还是太慢了，我想出用折纸的办法，把豆子都放在折好的纸沟里，这样豆子排成一行就不会乱跑了！

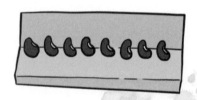

　　我还想出了用直尺数红豆的办法，14 厘米刚好是 20 粒，数 5 次就是 100 粒。

14 厘米刚好 20 粒

　　还有更绝的，我把小盒盖铺满红豆，大约是 50 粒，2 个 50 就是 100。只是这样数，好像不是很精确！

铺满大约 50 粒

20分钟过去了，虽然我想出了很多小妙招，但离10000粒还差得远！看来10000真的是很大很大的一个数！

③ **久战获胜**

最初，我数到一千零九十九（1099），以为接着就数两千了，后来才知道应该是一千一百（1100），原本还想着很快就能到10000了！数完后我明白了，数数最重要的是进位，就是1数到9后怎么数，每到99了再怎么数。我原来数的是一千零一百，后来我才知道，一千一百之间没有零。

原本以为数满10000要不了多久，但完成挑战后，发现我竟然用了整整6周时间，42天！大多日子，我一天数100～200粒，有时一天数300～500粒，最多的一天竟然数了1000粒！

数了那么多天，我认为10000粒红豆一定重到海里去了！先卖个关子，你认为它们有多重呢？

大功告成那天，我找出电子秤，给10000颗红豆称质量！足足有2.4kg。我掂量了一下，10000粒红豆和我们平时喝的5瓶500mL的矿泉水差不多重。

小贴士

　　如果数 10000 颗黄豆、绿豆、大米、芝麻，那其中什么是一样的，什么是不一样的呢？我们用电子秤称重、用杯子装等多种方法，可以发现：它们的颗数是一样的，都是 10000 颗，堆在一起的体积大小不一样，它们的总质量也不一样……

　　我亲手"制造"了"10 个一百是一千，10 个一千是一万"，我甚至想，数到 1 亿，那会是怎样的挑战，又会有怎样的收获呢？

　　你们也可以去试一试哦！

玩玩看

　　右图是 20×20 的点子图，如果数 10000 粒米，在每个点子上放一颗米粒，算一算：需要多少张这样的点子图？

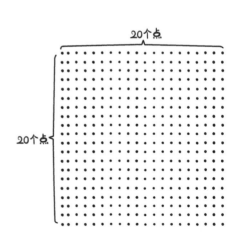

3 流逝的时间能称出来吗

（难度：★★☆☆☆）

为什么做这个实验

女儿：妈妈，又是新的一年，时间如流沙般过得飞快！

妈妈：对呀，你知道古人是怎么计时的吗？

女儿：我在书上看到过，好像可以用沙漏来计时，但我不太清楚为什么可以用沙漏来计时？它的原理是什么？

爸爸：你这个问题很好，要不我们一起制作一个沙漏，探索其中的秘密吧！

女儿：太好了！我最喜欢做实验了！

一次性杯子　纸　秤

自制简易沙漏　计时器　笔

这样来做

第1步： 准备一个干净且内部干燥的塑料瓶，用大铁钉在瓶盖上戳上几个小洞。

第2步： 首先，把沙子平铺在地上，晒干沙子，同时过筛，确保沙子的颗粒大小基本相同。其次，用废纸做个简易漏斗放在塑料瓶口，用塑料杯将地上筛好的沙子慢慢装入瓶中，制成简易沙漏。

第 3 步： 用秤称出一次性杯子的质量，因为质量很轻，可以忽略不计。

第 4 步： 打开计时器，设定 30 秒倒计时。将简易沙漏倒过来，瓶子里的沙子顺着小孔往下流入一次性杯子中。（注意：要让沙子保持一定的速度不变）

第 5 步： 30 秒后，用秤称出杯中沙子的质量，并记录数据。

第 6 步： 只做一次可信度不高，需要多做几次，并填写在记录表中。根据三次的记录结果，算出平均每 30 秒流失的沙子大约重 11 克。

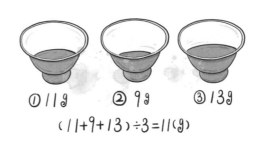

① 11g　　② 9g　　③ 13g

(11+9+13)÷3＝11 (g)

会发生什么

根据"30 秒流失的沙子重 11 克",我们很容易推算出"1 分钟流失的沙子的质量是 22 克",现在我们可以把它作为一个标准,再算出流逝的时间:

流失的沙子质量 ÷22 克＝流逝的时间。

比如,流失的沙子重 330 克,流逝的时间为 330÷22 ＝ 15（分）。

是不是很神奇,时间竟然可以称出来!

现在换一种思路,算一算按这样的速度,1 年大约要流失多少千克沙子?

1 小时流失的质量: $11×2×60 ＝ 1320$（克）

24 小时流失的质量: $24×1320 ＝ 31680$（克）

1 年流失的质量: $31680×365 ＝ 11563200$ 克 $≈ 11563$（千克）

现在可以明白为什么有人会说"一寸光阴一寸金"了,时间确实可以用"金沙子"来衡量。

知道吗

理查德伯爵看中了一个庄园,庄园依山临水,是个好地方,但是这个庄园的形状不太规则,无法直接用公式求出面积,这可难坏了理查德伯爵。于是,伯爵向物理学家夏克教授请教。教授向伯爵要了一张庄园地图,没多久就算出了庄园的面积。

夏克教授把地图图形剪下,贴在一个薄平木板上,再在木板上画一个边长为 1 厘米的小正方形,分别用钢丝锯把它们锯下来,放在天平上称。地图质量是画有小正方形木板的多少倍,庄园的面积就是小正方形的多少倍。

如果称得地图图形木板质量为 300 克,1 平方厘米木板质量为 2 克,那么,庄园地图图形的面积就是: $300÷2 ＝ 150$（平方厘米）。

然后,再按照地图所示的比例把它扩大,就能得到庄园真正的面积数了。

4 怎样练就一双"透视眼"

（难度：★★★☆☆）

为什么做这个实验

陈爸：儿子，你研究过骰子吗？它有几个面？面上的点数有什么数学规律？

敏政（陷入沉思）：有 6 个面，我发现相对的面点数之和是 7。

陈爸：很关键的一个发现。现在我跟你玩一个数学实验：给你 1 分钟的时间，随机将 4 颗 6 面骰子上下重叠竖立在桌面上，遮住部分总共有 7 个面，请你求出遮住面点子数之和是多少？

敏政：1 分钟！这怎么可能？

陈爸：儿子，我只要
10 秒钟，就能说出答案，
信不信？

试玩三次，每次老爸
不到 10 秒就说出了答案。

敏政：老爸这么厉
害，难道你有"透视眼"？

准备材料

4颗6面骰子

这样来做

第1步：随机将 4 颗 6 面骰子上下重叠竖立放在桌面上。

第2步：数一数遮住面，共有 7 个面。

第3步：实验者非常快速地说出了 7 个遮住面的总点数为 23 点。

第4步：拿开骰子，验证，确实是 23 点。

想一想：为什么实验者能够快速说出结果呢？

会发生什么

请观察一下，你会发现骰子相对面的点子数之和必是 7。

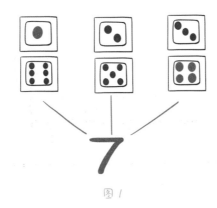

图1

回到图 1，第一颗骰子上面点子数是 5，那背面的点子数一定是 2。

下面三颗骰子的六个面，每颗骰子相对面的点子数之和是 7，那就等于 $3×7 = 21$。

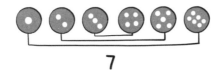

7

那么，4 颗骰子遮住部分点子数之和：$2 + 3×7 = 23$ 或 $7×4 - 5 = 23$。

如果最上面点子数不是 5，怎么算呢？

可以按照 $7×4 -$ 最上面的点子数＝遮住部分点子数之和。

想一想：

（1）如果 10 颗骰子重叠竖立放在桌子上，最上面的是 4，你能快速说出遮住部分点子数的和是多少吗？

（2）如果 N 颗骰子重叠竖立放在桌子上，最上面的是 4，你能用字母表示出它们之间的关系吗？

一颗6个面的骰子，相对面之和是7。如果骰子上面是5，正面是3（如图所示），然后把骰子向右翻动四次（每次翻动一个面），第五次再向前翻，你能猜出第五次朝上的面是几吗？你可以拿出一个骰子试一试。

				⑤
起点 （上面）	①	②	③	④

5 怎样做到"神机妙算"

（难度：★★★☆☆）

为什么做这个实验

魔术太神奇了！要是我们也会变魔术，那该多好啊！数学课上，我们真遇上了！

原来，陈老师摇身一变，变成了魔术师！

她神秘地说："我准备了一些扑克牌，你们随意抽出几张，我能准确知道你们抽的张数。"

"不会吧，您真会神机妙算？"

"陈老师，您先实验一次给我们看吧。"

"没有问题。"陈老师笑眯眯地说。

准备材料

扑克牌1副

步骤 1：小魔术师拿出一副扑克牌，共 54 张。

步骤 2：请小朋友随便抽取一沓牌。

步骤 3：小朋友先数一数一共抽了几张牌（如 13 张），然后小魔术师请小朋友算出所抽张数（13）的个位数字与十位数字相加的得数（1＋3＝4），再从这沓牌中取出与得数相同的张数，再把剩下的牌（13－4＝9）交还给小魔术师。

步骤 4：小魔术师用手一掂，便说出了正确答案，共 9 张牌！

步骤 5：验证，果真是 9 张牌，魔术成功。

9张!

任何一个大于 9 的自然数减去它的各位数字之和，所得的差都是 9 的倍数。在一副扑克牌中，9 的倍数只有 9，18，27，36，45，54。魔术师只需用手捏一捏，再快速估计一下，便很容易推测出你手中牌的张数了。

玩玩看

向大家介绍一个"翻牌"实验，可以约上好伙伴玩一玩。

【实验用品】两颗骰子、1～9 的 9 张扑克牌

【实验规则】

①对战双方轮流投掷骰子，计算骰子上面数字之和。

②将骰子正面数字和与结果相同的数字牌组合，进行翻牌。例如，骰子掷出数字 2 和 4，它们的和是 6，这时候可以翻一张数字牌 6，也可以翻两张数字牌 1 和 5 或 2 和 4。当投掷数字的和与所剩牌不匹配时，可以重新掷，每次翻牌张数无限制。

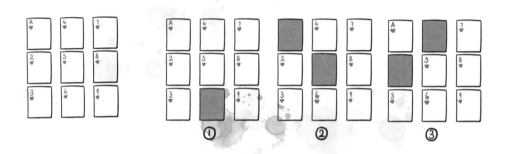

③谁先将 9 张牌全都翻为背面，谁就赢了。

我先翻完9张，我赢了！

6 怎样称出一片"鸿毛"的质量

（难度：★★★☆☆）

为什么做这个实验

妈妈：儿子，"人固有一死，或重于泰山，或轻于鸿毛，用之所趋异也"，这句话是谁说的？

儿子：司马迁说的，出自《报任安书》。

儿子：妈妈，我也来考考你，这里的鸿毛指的是什么鸟的羽毛？这样一根羽毛到底有多轻呢？

妈妈：儿子，鸿毛就是鸿雁的羽毛，至于一根鸿毛有多轻，我还真不知道，要不用你的天平秤称一称吧。

托盘天平秤上最小的砝码是 1 克，一根羽毛肯定小于 1 克，怎么称出质量小于 1 克的一根羽毛呢？

准备材料

一架天平秤　　一根羽毛　　计算器　　别针　　一张普通纸　　纽扣

这样来做

第 1 步： 先用天平秤称出一张普通纸的质量，约 2 克。

第 2 步： 将纸等分成 28 片，并用一张纸的质量除以纸的总片数。用计算器能轻松算出每一小份纸片的质量约等于 0.07 克。

$2 \div 28 \approx 0.07$（克）（保留两位小数）

2克

$2 \div 28 \approx 0.07$（克）

□ = 0.07（克）

第3步： 把制作好的每小份纸片当作"砝码"，将一根羽毛放在天平秤的一端，在另一端将小纸片一片一片地放入托盘，直到天平的左右两端平衡为止。

$$0.07 \times 3 = 0.21（克）$$

第4步： 将纸片取下，数出片数，共3张，再乘以每张纸片的质量，就可以计算出一片羽毛的质量。

$$0.07 \times 3 = 0.21（克）$$

我用同样的方法还称出了小纽扣和别针的质量，见下面统计表：

单位：g

物品	羽毛	纽扣	别针
纸片（片）	3	9	6
质量（g）	0.21	0.63	0.42

小贴士

以上实验，我用到的方法是把2克的质量分成了28等份，每1份约等于0.07克。如果把2克质量10等分的话，每份就是0.2克，这样计算就会方便很多。做实验的时候，我真没有想到可以10等分，现在如果让我再选择一次的话，我会选择 10 等分，这样也就不用求近似数了，不仅会减少误差，计算还更方便。

如果实验材料对羽毛的根数不限定在 1 根，那么你会选择这种方法吗？还有更合适的方法吗？

你能再设计一个更合理的实验，并完成这个实验操作吗？

知道吗

克（g）是一个很小的质量单位，但要测量微小物体的质量时，有时用克做单位，精确度还是不够的。比如黄金，少了 0.1 克，就可能相差几十元。还有一些重要的药材，多 0.1 克，或者少 0.1 克，药效就会有很大不同。

所以数学家采用等分制思想，创造出了更小的质量单位，把 1 克 1000 等分，每份的质量就是 0.001 克，也就是 1 毫克，所以：

1 毫克＝ 0.001 克。

再把 1 毫克 1000 等分，每份就是 0.001 毫克，也就是 1 微克，算一算：

1 微克＝（　　　）克。

想一想：比微克更小的质量单位还有吗？那就是纳克。猜一猜 1 纳克会等于多少微克呢？它们之间有什么关系？你是怎么发现的？

第 **2** 章

空间想象实验

人体藏着哪些"尺子"？你听说过"迷踪步""拈花指""蝴蝶肩"吗？这些人体上的"尺子"都可以用来测量物体的长度，你想不想试一试？给你一张 A4 纸，用剪刀剪出一个圈，然后让自己从这个圈里穿越过去，你能做到吗？如何让自己的空间想象力丰富起来？告诉你一个秘密，不断地玩图形的拼摆、折叠、测量、割补以及模型制作，就可以啦！

7 我的手掌有多大

（难度：★☆☆☆☆☆）

为什么做这个实验

吴越：妈妈，我的手掌和弟弟的比，我的比他的大得多了，和你的比，你的又比我的大。

妈妈：当你像我这样大时，手掌也会和妈妈一样大，一样有力气。

吴越：妈妈，我的手掌可以测量出来吗？可以怎么表示它的大小呢？

妈妈：你提了一个非常好的问题，这个问题也很有挑战性，你能自己想办法解决吗？

吴越（沉思）：可不可以用生活中常见的物品来测量出手掌的大小呢？

妈妈：你可以做一做实验呀。

若干颗红枣

一些薏米仁

一些大米

一张手掌拓印

这样来做

① 拓手掌印

将自己的手掌压在白纸上，然后用铅笔沿着手指轮廓描出手掌图。

②测量方法

（1）用大米测量

先将大米密铺在手掌图上，一直到放不下为止。然后开始数，每堆有 100 粒，一共有 666 粒米。

（2）用薏米仁测量

方法跟用米测一样，数了数有 168 粒，数量明显变少了。

666粒

168粒

（3）用红枣测量

哇，红枣的数量就更少了，只能摆下 18 颗，真少呀！

18颗

会发生什么

看来我们可以用生活中常见的物品来测量自己的手掌大小。用的材料越小，得到的数量就越多；用的材料越大，得到的数量就越少！

实验记录单

材料	米	薏米仁	红枣
数量	666	168	18
我的发现	最小的物体，数最多 最大的物体，数最少		

小贴士

这个小实验很有趣，测量的是同一个手掌的大小，用不同的物体作为测量的标准，得到的数是不同的。我们知道测量长度可以用直尺，而且测量出来的数是一定的，那么测量大小有没有像尺子这样的工具呢？有没有统一的标准？用大米、红枣这样的物体虽然可以测量出像手掌这样图形的大小，但是因为存在缝隙，而且每粒米、每颗红枣的大小也不同，所以测量出来的数据并不是非常精确。

1. 阅读

在生活中，我们经常会用到各种测量单位来表示测量的结果，比如 1 米 = 10 分米 = 100 厘米，其表示的实际长度是一样的，但由于单位长度的不同，造成了数量的不同。

中国传统的长度单位有里、丈、尺、寸、分等，1 丈 = 10 尺 = 100 寸 = 1000 分；以英国和美国为主的少数欧美国家使用英制单位，因此他们使用的长度单位也与众不同，主要有英里、码、英尺、英寸，1 英里 = 1760 码 = 5280 英尺。

世界各国为了统一计量单位创立了国际单位制，长度的标准单位是"米"（符号"m"），常用单位有毫米（mm）、厘米（cm）、分米（dm）、千米（km）、米（m）、微米（μm）、纳米（nm）等，1 丈 = 3.33 米，1 英寸 = 2.54 厘米。

2. 探索

你也可以用吴越介绍的方法拓一张自己的脚印，再拓一张爸爸的脚印，用红豆分别测量出你和爸爸的脚印大小，不过在测量之前，可以猜测一下，爸爸的脚印大概要用多少粒红豆？你的脚印大概要用多少粒红豆？这将是一个十分有趣的小实验。

8 能借助分蛋糕识音符节拍吗

（难度：★★☆☆☆）

为什么做这个实验

钢琴老师：小朋友们，如果四分音符是一拍，八分音符就是半拍，十六分音符是半拍的半拍……

萌萌：老师在说什么？

妈妈：不急不急，我们可以借助分蛋糕来认识音符节拍。

萌萌：听起来很好玩的样子，那我们就制作一个蛋糕小模型来记忆音符节拍吧！

准备材料

圆形卡纸若干

笔

直尺

这样来做

① 前期准备

（1）用一整个圆来表示全音符，"全"就是整个的意思。

（2）把一个圆平均分成 2 份，其中一份就是二分音符。

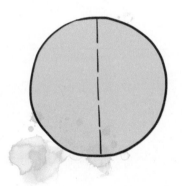

（3）把一个圆平均分成 4 份，其中一份就是四分音符。

（4）把一个圆平均分成 8 份，其中一份就是八分音符。

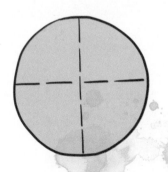

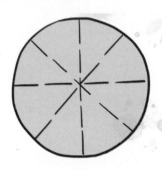

② 分蛋糕识音符

我把圆想象成一个蛋糕，音符豆子是小朋友，我们按规定来给大家分蛋糕。

举例说明：以八分音符为曲谱中的最小时值音符为例，即把一整个蛋糕平均切成八块，如果设定为最小时值音符为节拍器打一拍——

（1）八分音符分得一块蛋糕，即节拍器一拍。

（2）四分音符分得 2 块蛋糕，即节拍器两拍。

（3）二分音符分得 4 块蛋糕，即节拍器四拍。

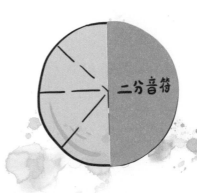

会发生什么

利用数学小模型把枯燥的乐理知识用切蛋糕、分蛋糕的方式来理解记忆，学钢琴这件事也变得有趣了。以后遇见复杂的曲子，节拍不清楚的时候，切切"小蛋糕"来分一分，就不会搞错啦！

玩玩看

请在下图中完成制作十六分音符、三十二分音符的分蛋糕实验。

9 what？我的眼睛欺骗了我

（难度：★★☆☆☆）

为什么做这个实验

妈妈：是不是上面的小一点？

女儿：是呀！

妈妈：如果我把它们分别标上符号 A 和 B，换个位置呢？

女儿：啊，我糊涂了！到底哪个大哪个小呢？

妈妈：把它们叠起来看看。

哎，其实，它们是一样大的。

女儿：太奇怪了，为什么眼睛会欺骗我？

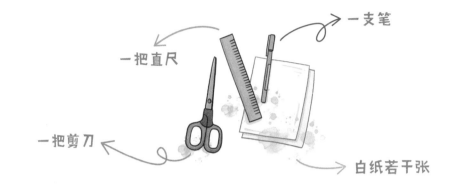

一支笔

一把直尺

一把剪刀

白纸若干张

这样来做

实验 ❶ 哪条线比较长呢?

妈妈：我先画两条线，你不能偷看。画好了。你觉得上面一条线和下面一条线究竟哪条更长一些呢?

女儿：肯定上边一条长一点呀。

妈妈：别太自信哦，请你用直尺量一量吧!

女儿：我用直尺非常仔细地测量了上下两条线。天呀，原来一样长。

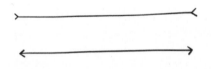

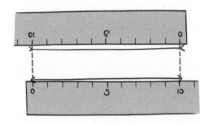

实验❷ 菱形的颜色一样吗?

妈妈:这是妈妈从电脑上找出来的图形,这些菱形的颜色是一样的吗?

女儿:感觉第一行菱形的颜色要深一点。

妈妈:还是试一试再下结论吧。我们从第一行最右边剪下一个菱形,然后分别放到任意一行的菱形上,看看,颜色是否一样。

我用最快的速度剪下第一行最右边的一个菱形,发现不管把菱形放到哪一行,都跟那一行的颜色一样,说明所有的菱形颜色是一样的。

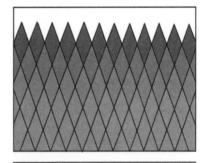

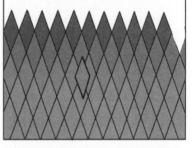

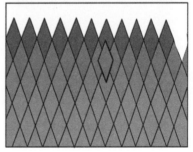

实验 ③ 哪个圆比较大呢？

妈妈：请仔细看图，比较两幅图的中心的圆形，哪个比较大呢？

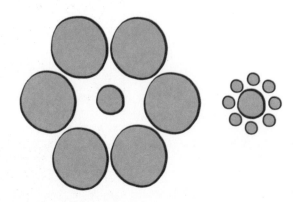

女儿：难道一样大吗？我看到的明明是右边中间的圆形大呀。

妈妈：怎么来证明你的猜想是对还是错呢？

女儿：这还不简单，把两个中心圆形剪下来重叠在一起，比一比就知道了。

原来两个圆形是一样大的呀！

妈妈：怎么样？这回相信妈妈了吧？有没有心服口服呀？

以上四个小实验，都证明了视觉错觉的存在。我们的眼睛非常容易受光线、环境等因素的影响。所以，眼见不一定为实。因此，在平常生活中，我们一定要注意多运用测量工具，量一量，测一测，学会用数据说明问题。

知道吗

1. 旋涡

请将你头部前后移动，并观察图片，它会有什么变化呢？

2. 奇怪的窗户

下面这幅图是比利时画家琼·德·梅的作品，画中坐在窗沿上的人拿着一个"正方体"。仔细观察，你觉得图中有不合适的地方吗？请你找出来，并说说为什么不合适。

小贴士

　　人的眼睛有些时候不能反映真实的现象，其实这是视觉错觉，有形的错觉和色的错觉，本实验注重研究形的错觉。在观看物与物、形与形的关系时，所产生的大小、宽窄、曲直的感觉，我们也可采用魔术的形式，吸引小伙伴的关注。有句老话常说：耳听为虚，眼见为实。通过这次的数学实验研究后，我们可以再加一句：经过思考以后才是真的。

10 人体藏着哪些"尺子"

（难度：★★☆☆☆）

为什么做这个实验

我们小队共有 8 个队员，个个身怀绝技。

今天，我们小队接到一个神秘的任务——在教室里选择一些大小不一的东西，利用人体上的"尺子"测量这些东西的长短。我们能做到吗?

准备材料

- 身体

这样来做

实验 ① 用足测量木板长度

武林秘籍——迷踪步

我的脚长约 20cm，用脚一次一次量，一共 168 次。

$$20 \times 168 = 3360 (cm)$$

实验 ② 用手掌测量美术桌的长度

武林秘籍——八卦连环掌

我的手掌长约 13cm，用手掌量美术桌，一共 33 掌。

$$13 \times 33 = 429 (cm)$$

实验 ❸　用手指测量教室的白板

武林秘籍——拈花指

我的手指一拃约长 12cm，用手指一拃一拃量，一共 11 拃。

$12 \times 11 = 132 \text{(cm)}$

实验 ❹　用肘测量教室门的宽度

武林秘籍——一肘斩

我的手肘长约 30cm，量门宽一共 3 肘。

$30 \times 3 = 90 \text{(cm)}$

实验 ❺　用肩测量教室的长度

武林秘籍——蝴蝶肩

我的肩宽约 26cm，用肩宽量教室长度，一共 19 肩宽。

$26 \times 19 = 494 \text{(cm)}$

实验 ❻　用指长测量桌子的宽度

武林秘籍——一指神功

我的食指长约 8 厘米，测量桌子的宽一共 9 指。

$8 \times 9 = 72\,(cm)$

实验 ❼　用指宽测量魔方的棱长

武林秘籍——神奇魔指

我的一指宽约 1.5cm，魔方的棱长正好是我三个手指的宽。

$1.5 \times 3 = 4.5\,(cm)$

实验 ❽　用臂长测量钢琴的宽度

武林秘籍——无敌环抱

我的臂长约 130cm，钢琴的长度约为我的 1 个臂长。

$130 \times 1 = 130\,(cm)$

人体身上居然有这么多的"尺子"！大家也可以找一找自己身上的"尺子"，相信你们也可以和我们一样身怀绝技、行走江湖。

在古代，人们用手来进行计算，也将手作为测量的单位。

1寸：拇指第一个关节的宽度。

图1

1拳：一拳的宽度。

图2

1拃（zhǎ）：张开手掌，从大拇指到中指的距离。

图3

1庹（tuǒ）：成人两臂左右平伸时两手之间的距离。

图4

更有意思的是，在古埃及，国王的小臂长度（从手肘到中指尖），被称为"1库比特"（约50厘米）。但不同的国王其手腕长度会有差异，所以"1库比特"的长度也会变化，这会给测量带来麻烦。

感兴趣的伙伴们，还可以调查至今依旧在英国、美国等国家使用的古老长度单位英尺（foot），看看它指的是人身上的哪个部分的长度，1英尺约等于多少厘米？

11 哪些图形是轴对称图形

（难度：★★☆☆☆）

为什么做这个实验

请你观察以下这些图形，它有什么特点呢？

对的，这些图形对折后，两部分会完全重合，我们就称这些图形为轴对称图形。

我们学过的等腰三角形、长方形、正方形、圆形、平行四边形，哪些图形是轴对称图形呢？

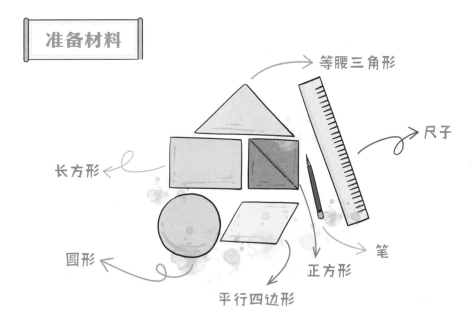

等腰三角形

尺子

长方形

笔

圆形

正方形

平行四边形

这样来做

① 长方形：经过对边中点的直线，有 2 条对称轴。

② 正方形：对角线所在的直线和对边中点所在的直线，有 4 条对称轴。

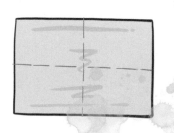

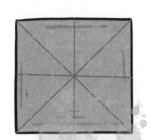

③ 等腰三角形：顶角平分线和底边的中线所在的直线，有 1 条对称轴。

④ 圆形：经过圆心的直线，有无数条对称轴。

⑤ 平行四边形：不是轴对称图形，没有对称轴。

无对称轴

实验记录单

图形	形状	是否轴对称图形	对称轴的数量(条)
长方形		是	2
正方形		是	4
平行四边形		不是	0
等腰三角形		是	1
圆形		是	无数

知道吗

　　数学源于生活，对称现象无处不在，从自然景观到艺术作品，从建筑物到交通标志，甚至日常生活用品，都可以找到对称的例子，对称给我们带来了丰富多彩的视觉享受！

　　对称也是艺术家们创造艺术作品的重要准则，像中国古代诗中的对仗、民间常用的对联等，都有一种内在的对称关系。对称还是自然界的一种普遍现象，不少植物、动物都有自己的对称形式。比如，人体就是以鼻尖、肚脐眼的连线为对称轴的对称形体，眼、耳、鼻、手、脚都是对称生长的。眼睛的对称使人观看物体能够更加准确；双耳的对称能使听到的声音具有较强的立体感，以确定声源的位置；双手、双脚的对称能使人体保持平衡。

小贴士

　　生活中的对称美比比皆是，闹钟、飞机、电扇、屋架等的功能和属性完全不同，但是它们的形状有一个共同特征——对称。人们把闹钟、飞机、电扇制造成对称形式，不仅为了美观，而且还有一定的科学道理：闹钟的对称保证了走时的均匀性，飞机的对称使其能够在空中保持平衡。初步掌握对称的奥妙，不仅可以帮助我们发现一些图形的特征，还可以使我们感受到自然界的美与和谐。

12 怎么穿越 A4 纸

（难度：★★★☆☆）

为什么做这个实验

妈妈：硕硕，你觉得自己够聪明吗？

硕硕：What？你居然质疑我的智商！

妈妈：有一个不可能完成的任务，你敢挑战吗？

硕硕：当然敢，迫不及待呢！

妈妈：给你一张 A4 纸，能剪出一个洞让自己穿过去吗？

硕硕：So easy!

A4 纸

剪刀

这样来做

第①次 剪成简单的镂空

我首先想到的是将 A4 纸镂空，边缘尽量留细，然而并没有什么用处。

第②次 剪成圈圈圆圆圈圈

在剪坏了 N 张 A4 之后，我终于剪出了一根蜿蜒的长"线"。对，你没有看错！真的是"线"。但这显然不是一个封闭的圈……

于是，我又再次拿起剪刀，开始了新的挑战！

第3次 神技修炼手册

第1步：将 A4 纸对折，从封闭边开始（红色虚线所示），间隔一定距离剪一刀，并与底边保持一定距离，不剪断，形成"琴键"状。

第2步：将纸翻转，从两边重叠处开始（蓝色实线所示），在每一个"琴键"的中间剪一刀。并与底边保持一定距离，不剪断。

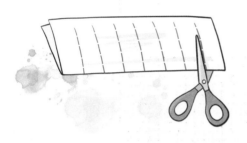 

第3步：除首尾两个"琴键"外，剪开其余"琴键"的封闭边（绿线所示）。轻轻展开，你就能得到一个封闭的大圈。

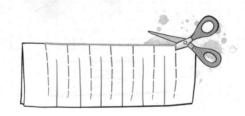

会发生什么

"琴键"剪得越细越多，得到的圈就越大。跳出定式思维，你就能发现更有趣的世界！

假设人的平均寿命是 75 岁，那么就是 900 个月。如果画在 A4 纸上，每个月为一格，就是 30×30 等于 900 个小格。这样，人的一生就非常直观地呈现在这张 A4 纸的格子上了。如下图所示。

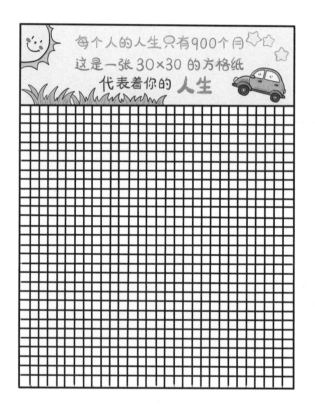

请你做一个画格子实验。

1. 假如每天睡觉 8 小时，这一生你要睡掉多少格？算好后，请用彩色笔在 A4 纸的格子里涂出来。

2. 假如你大学毕业 22 岁了，算一算你还剩下多少格子？请用另一种彩色笔在 A4 纸的格子里涂出来。

这个实验带给你什么启示？请你动笔写一写。

13 如何私人定制"脚步尺"

（难度：★★★☆☆）

为什么做这个实验

妈妈：小严，我们家附近新开了一家电影院，妈妈请你去看电影吧！

小严：太好了！电影院远吗？

妈妈：不远，走路大概十分钟。

小严：走路十分钟，是 800 米？1000 米？还是 1200 米？

妈妈：我们每个人都随身带着一把灵便的尺子，那就是我们的双脚。走！我们现在就迈开双脚去测量吧！

准备材料

计时器

卷尺

这样来做

第 1 步： 测定正常速度和快速走路的"脚步"长度。

测出我们每一步的距离。用卷尺测量 30 米直线距离，和正常步行、快速步行两种速度走完 30 米需要的步数。

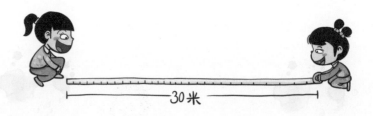

实验数据见下表 1：

表 1　步长记录单

次数	1	2	3
正常步数(步)	51	52	53
快速步数(步)	47	49	47

求出"正常步长"的平均值：$30 \times 100 \div 52 = 57.7$（厘米）；

"快速步长"的平均值：$30 \times 100 \div 47.7 \approx 62.9$（厘米）；

这样我们就得到了两把"脚步尺"，一把是"正常脚步尺"，另一把是"快速脚步尺"。

第2步：用"脚步尺"丈量距离，进一步验证与修正它的准确性。

接下来，我们来到体育中心的标准操场（一圈400米），沿内侧跑道步行5圈，后两圈快速步行，记录每圈的步数、时间，并计算跑道长度和步行速度。

实验数据见下表2：

表2　每圈步数与步行时间记录单

次数	1	2	3	4	5
步数(步)	667	673	658	629	642
时间(秒)	331	342	347	284	276

我们知道：

操场跑道的长度＝步数 × 每步的长度，

步行速度＝操场跑道的长度 ÷ 走路时间。

计算结果如下表3：

表3　步行速度记录单

次数	1	2	3	4	5
操场一周的长度(米)	385	388	380	396	404
步行速度(千米/小时)	4.4	4.2	4.1	5.1	5.2

经过"脚步"的验证，标准跑道的距离在400米左右，存在一定的误差。

我的正常步行速度约为4.2千米/小时，快速步行速度约为5.2千米/小时。

走路 10 分钟的距离的计算：

慢走 10 分钟的距离 = $\dfrac{10}{60}$ × 4200 = 700（米），

快走 10 分钟的距离 = $\dfrac{10}{60}$ × 5200 = 867（米）。

通过数学实验，我们成功定制出专属私人的"脚步尺"，可以用时间的多少推算出我家走到电影院的大约距离。

太神奇了，"脚步尺"和时间亲密结合，就可以推算出行走的路程，超级便捷好用。

知道吗

一个成年人的步长，大约等于他眼睛距离地面高度的一半，例如某人从脚跟到眼睛的高度是 150 厘米，那么他的步长就是 75 厘米。

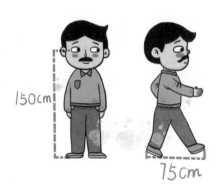

《队列条令》上对步子的大小和速度有明确规定，齐步走时，一单步长 75 厘米，走两单步为一复步，一复步长为 1.5 米，行进速度为每分钟 120 步。现在你知道军队方阵在行进时为什么能整齐划一，让人肃然起敬了吧！

14 什么形状最稳定

（难度：⭐⭐☆☆☆）

为什么做这个实验

我发现生活中常常会应用到许多三角形，例如：三脚架、金字塔、自行车架、斜拉索大桥、吊臂……

而停车场的门闸、学校的大门、收纳篮却没有应用到三角形，这是为什么呢?

准备材料

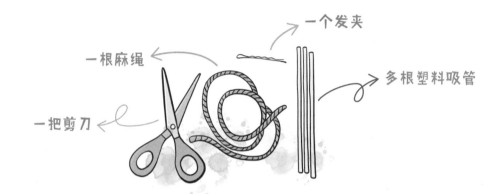

一根麻绳

一个发夹

一把剪刀

多根塑料吸管

这样来做

实验❶ 制作四边形

第1步： 用剪刀将吸管剪成长度相同的小管子，多剪几段，可以剪 20 段。

第2步： 借助发夹，用麻绳将吸管串连起来。

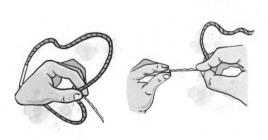

第3步： 串连四根吸管，形成一个四边形。

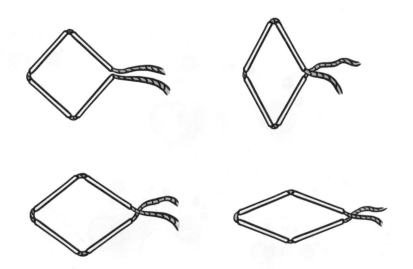

实验发现：四边形的形状可以任意改变，看来四边形不具有稳定性。

实验 2　制作三角形

串连三根吸管，形成一个三角形。

实验发现：用小吸管串的三角形无法改变形状，始终是一个样子，这说明三角形具有稳定性。

实验❸ 制作五边形

串连五根吸管，围成一个五边形。

实验发现：五边形的形状可以任意改变，但如果把五根吸管摆成两个三角形，就十分稳定。如下图所示：

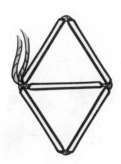

实验④ 制作六边形

串连六根吸管，围成一个六边形。

实验发现：六边形的形状也可以任意改变，它不具有稳定性。

实验⑤ 制作多个三角形组成的组合图形

连接多根吸管，由多个三角形组成的组合图形，如下图所示：

 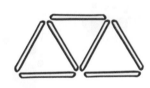 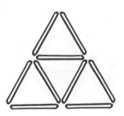

实验发现：由多个三角形组成的图形都无法改变形状，也具有稳定性。

小贴士

　　我发现三角形具有稳定性，由多个三角形组成的图形也具有稳定性。这是因为当三角形三条边的长度都确定时，三角形的大小、形状完全被确定，三角形的大小和形状也就唯一了，这个性质叫作三角形的稳定性。

　　我现在终于明白，为什么生活中需要保持稳定性的东西都制作成三角形的结构，如三脚架、金字塔、自行车架、斜拉索大桥、三角形吊臂等。而停车场门闸、学校的大门需要时常开启、移动，因此都用到了四边形等容易改变形状的结构。

知道吗

1. 阅读

　　你听说过"生命三角"吗？它是指当地震来临时，应该迅速找个大型、沉重的物体，比如衣柜、沙发，甚至是一沓堆高的报纸，卧倒在旁边。如果天花板砸下来，物体周边会形成狭小的三角空间，它有可能挽救你的生命。

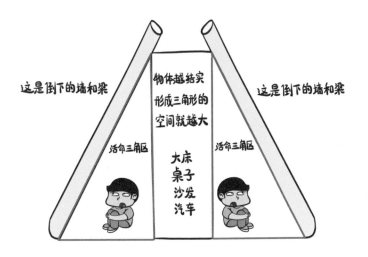

这是倒下的墙和梁

物体越结实
形成三角形的
空间就越大

大床
桌子
沙发
汽车

活命三角区

活命三角区

这是倒下的墙和梁

2. 探索

三角形除了具有稳定性外，它身上还藏着许多秘密。比如，它的三条边会有什么
关系呢？它的三个内角和是多少度呢？请你选择其中一项内容，用实验法研究三角形
边与角的秘密。

第 **3** 章

数据分析实验

国庆黄金周，这个美好的假期该去哪里玩？一家人意见不统一怎么办？只要回答了以下四个问题，一分钟时间，我就可以帮助你解决这个烦恼。

您想去温暖的地方还是凉爽的地方？

您想去远的地方还是近的地方？

您想去热闹的地方还是安静的地方？

您是想购物为主还是游览为主？

这里每个问题的解决，都是用事实说话，用数据说话的。相信你也可以成为能干的"数据分析师"。

15 "假期去哪儿玩" 怎么决定

（难度：★☆☆☆☆）

为什么做这个实验

国庆假期马上要到了，我们一家人又为假期去哪儿发愁了。

外公：我还是喜欢看看自然风光。

我：我要去能买玩具小汽车的地方。

妈妈：国庆黄金周，越热门的地方人越多，我们还是挑个人少又舒适的地方好。

……

像这样的对话会发生在你们家吗？"假期去哪儿"这个问题会不会困扰你们呢？确定去哪儿后，关于怎么游玩能马上统一意见吗？

笔

纸

这样来做

（一）确定去哪儿

① 制作表格

为了收集数据，你得有一张表格。这是我们家最关心的四个问题（当然你可以根据你家的情况换成其他的）：

（1）您想去温暖的地方还是凉爽的地方？

（2）您想去远的地方还是近的地方？

（3）您想去热闹的地方还是安静的地方？

（4）您是想购物为主还是游览为主？

我要调查的人有我的爷爷、奶奶、外公、外婆、爸爸、妈妈，所以可以设计成这样的表格。

	●	〰	⌐	⌐	👥	👤	🧳	⛰
bà ba								
mā ma								
我								
wài pó								
wài gōng								
yé ye								
nǎi nai								

②采访家人

熟记几个问题，带上你最迷人的微笑，拿着表格开始调查记录吧。

	暖和	凉爽		远	近		热闹	安静		购物	游览
爸爸	✓			✓				✓			✓
妈妈		✓		✓				✓		✓	
我		✓			✓		✓			✓	
外婆		✓			✓			✓			✓
外公		✓			✓			✓			✓
爷爷		✓			✓			✓			✓
奶奶		✓			✓			✓		✓	
票数	1	6		2	5		1	6		3	4

③汇总票数，得出结论

统计后发现，除了第4个问题分歧有点大外，其他3个问题比较一致，最适合我们家度假的地方需要符合：安静、凉爽、近、游览。

根据这四个特点，我们查看浙江地图，很快选定了度假地点——5A级国家风景区千岛湖。

（二）确定怎么玩

我们开车来到了美丽的千岛湖，这儿有许多的景点，该去哪些景点玩呢？嘿嘿，又要我这个"统计小能手"出马啦！过程和刚才一模一样，只是换了几个问题。

根据千岛湖景点的特点，我和妈妈又一起制订了新的统计表：

	走路	骑车		游山	玩水		日游	夜游		游动物岛	游寺庙岛
爸爸		√		√			√			√	
妈妈		√		√			√			√	
我		√			√		√			√	
外婆	√				√		√				√
外公	√				√		√				√
爷爷		√			√		√			√	
奶奶		√			√		√			√	
票数	2	5		2	5		7	0		5	2

通过统计，我们确定了游览路线和景点：早上，从渡口出发坐游船，游览黄山尖、猴岛，下午游神龙岛、天池岛，傍晚回酒店。外公外婆比较喜欢走路，于是，他们提早半小时步行出发，和我们在渡口会合。我和爸爸妈妈爷爷奶奶骑着自行车，观赏沿路风景。

本来意见难以统一的出行游玩，有了数据的助力，依据少数服从多数的原则，我们很快确定了这个假期去千岛湖。

玩玩看

请你设计一个方案，制作成统计表或图，调查全班最喜欢的一本数学读物。

16 我花了父母多少钱

（难度：★★★☆☆）

为什么做这个实验

我：爸爸，我们家的车都这么老了，你为什么不换一辆车呢？

爸爸：因为我们都把钱花在你身上了呀！

我：我一个小伢儿能花多少钱呀？上次看到的弹力球你都没给我买呢。

爸爸：小朋友，你不是一直觉得自己计算能力很不错嘛，那你自己来算算吧。

我：我才不相信我真的会花掉很多钱呢，说来就来。

准备材料

• 爸爸妈妈收集的各种账单

这样来做

　　我问了爸爸，他说成长的不同时期，花费项目会有所不同，所以我以幼儿园和小学为分界点，通过回忆，加上询问爸爸（婴幼儿期我可不知道），每个时期的费用大致如下：

　　① 婴幼儿期：出生到上幼儿园前（2004 年 9 月 2 日～ 2007 年 8 月 31 日）

婴幼儿期花费统计表

项目			
辛苦费		600元/月	600×12×3=21600（元）
生活费	奶粉等食物	135元/月	135×12×3=4860（元）
	穿着	3000元/年	3000×3=9000（元）
医疗费	出生	/	7000元
	出生后	30元/月	30×12×3=1080（元）
其他费用	游戏等活动	150元/月	150×12×3=5400（元）
合计	48940元		

（注：2004 年 9 月至 2007 年 8 月，住在外婆家，每月付他们 600 元辛苦费。）

　　② 幼儿期（2007 年 9 月 1 日～ 2011 年 8 月 31 日）

幼儿期花费统计表

项目		
医疗费	30元/月	30×12×4=1440（元）
生活费	30元/天	30×365×4+30=43830（元）

教育费	学杂费	3750元/学期	$3750 \times 2 \times 4 = 30000$ (元)
	培训费	800元/学期	$800 \times 2 \times 4 = 6400$ (元)
	图书费	100元/月	$100 \times 12 \times 4 = 4800$ (元)
其他费用	外出游玩等	200元/月	$200 \times 12 \times 4 = 9600$ (元)
合计		96070元	

❸ 小学期（1～3 年级，即 2011 年 9 月 1 日～2014 年 8 月 31 日）

小学期花费统计表

项目			
医疗费		30元/月	$30 \times 12 \times 3 = 1080$ (元)
生活费		50元/天	$50 \times 365 \times 3 + 50 = 54800$ (元)
教育费	培训费	1000元/学期	$1000 \times 2 \times 3 = 6000$ (元)
	图书费	500元/年	$500 \times 3 = 1500$ (元)
旅游费	长途旅行	北京+广西	$2500 + 4500 = 7000$ (元)
	省内游	800元/次 2次/年	$800 \times 2 \times 3 = 4800$ (元)
其他费用		150元/月	$150 \times 12 \times 3 = 5400$ (元)
合计		80580元	

会发生什么

为了更加清楚地反映出各项费用，我将各个时期的花费进行了归类统计（见下表）：

从出生至小学三年级花费统计表

单位：（元）

项目 时期	教育费	生活费	医疗费	旅游费	其他费用	合计
出生到上幼儿园前	/	13860	8080	/	27000	48940
幼儿	41200	43830	1440	/	9600	96070
小学	7500	54800	1080	11800	5400	80580
合计	48700	112490	10600	11800	42000	225590

不算不知道，一算还真有点吓一跳，看到"225590"这个惊人的数，我愣住了，没想到从出生到现在，我竟然花费了父母这么多钱。爸爸和我开玩笑说，这些费用其实是最基本的，交通费没算，妈妈生我之前的很多费用也没算，我住的卧室也是免费的哦！如果都算上，数据应该会更惊人。

从表中，我也有几项有趣的发现：

（1）小学的教育费竟然比幼儿还要少，后来问了爸爸才知道中小学是义务教育，免学费，这让我们省了好多钱。

（2）生活费随着我的年龄增长呈增加的趋势。想想也有道理，因为我的胃口越来越好了。

其他费用在慢慢减少，这说明我花在玩乐上的金钱和时间都变少了，我把更多的时间用来提高自己的本领。

为了了解不同地方同龄人从出生到小学三年级大约花去的费用，请你设计一张问卷进行调查。想一想，这张问卷应该怎么设计？包括哪些内容？需要调查哪些人？收集数据后，怎么进行统计分析？

第 4 章

数学推理实验

你知道"柯南"是怎样修炼成"推理达人"的吗？你想知道自己的推理水平吗？先出个题考考你：有一个盛满 8 两酒的大杯子，还有两个分别能装 5 两和 3 两酒的空杯子。现在只用这三个杯子，怎么才能保证李白和杜甫刚好每人喝到 4 两酒？难不难？剧透一下，这些趣味推理题，都可以用实验的方法演示出来，可以让你看得明明白白、轻轻松松，从此爱上这些极其烧脑的推理题。

17 你真的会算钱吗

(难度：★☆☆☆☆)

为什么做这个实验

　　妈妈让我下楼帮她买点葱。我说："妈妈，买多少葱呀？"妈妈说："就买一元钱吧，可是妈妈没有零钱了。"储蓄罐里有硬币，但我发现只有 5 角和 1 角的硬币，怎么办呢？有了，我可以拿 2 个 5 角凑成 1 元。

　　葱买好后，我又在想：还有其他的方法凑成一元吗？最多有几种不同的方法呢？

准备材料

2 角的纸币

1 角的硬币

5 角的硬币

经过仔细思考，我想应该有好几种方法，比如 1 元等于 10 角，那我拿 10 个 1 角硬币就可以了！于是我就开始摆了，可是摆了一会儿，我自己都有点晕，因为我不确定是否找到了所有的答案。这可怎么办？

这时妈妈提醒我，要想找到全部答案，就要按照有序的规律来做，找到规律了才能准确得出答案。

第1种：2 个 5 角，5＋5＝10（角）。

第2种：那么第 2 次应该怎么做呢？我只用一个 5 角，把另一个 5 角分解，如果想凑成 1 元，我还应该拿 2 个 2 角和 1 个 1 角，5＋2＋2＋1＝10（角）。

第①种

第②种

第 3 种： 我还是只用一个 5 角，再保留一个 2 角，把一个 2 角换成两个 1 角凑成 1 元，用算式表示：$5 + 2 + 1 + 1 + 1 = 10$（角）。

第 4 种： 如果我还是只用一个 5 角，还可以怎么分呢？对了，我可以把剩下的一个 2 角换成两个 1 角，$5 + 1 + 1 + 1 + 1 + 1 = 10$（角），刚好凑成 1 元。

第③种

第④种

第 5 种： 一个 5 角不动，只有 4 种情况。现在两个 5 角都换成 2 角，那么 1 元钱我可以用 5 张 2 角，$2 + 2 + 2 + 2 + 2 = 10$（角）。

第 6 种： 我可以把其中的一个 2 角换成两个 1 角，用 4 张 2 角钱，两个 1 角硬币，$2 + 2 + 2 + 2 + 1 + 1 = 10$（角）。

第⑤种

第⑥种

第7种：我可以继续这样做，把其中的一个 2 角换成两个 1 角，用 3 张 2 角钱，4 个 1 角硬币，2 + 2 + 2 + 1 + 1 + 1 + 1 = 10（角），刚好凑成 1 元。

第8种：继续把 2 角纸币换成两个 1 角硬币，就用 2 张 2 角钱，6 个 1 角硬币，2 + 2 + 1 + 1 + 1 + 1 + 1 + 1 = 10（角），刚好凑成 1 元。

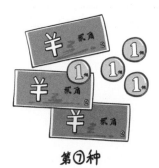

第⑦种

第⑧种

第9种：还可以继续吗？当然可以，我继续把 2 角纸币换成两个 1 角硬币，就用 1 张 2 角钱，8 个 1 角硬币，2 + 1 + 1 + 1 + 1 + 1 + 1 + 1 + 1 = 10（角），刚好凑成 1 元。

第10种：哈哈，还有呢，你也想到了是不是？对，就是 10 个 1 角硬币组成 1 元。

第⑨种

第⑩种

刚才的过程，我用表格整理一下，一共十种方法。

方法	5角硬币	2角纸币	1角硬币	方法	5角硬币	2角纸币	1角硬币
1	2个	/	/	6	/	4张	2个
2	1个	2张	1个	7	/	3张	4个
3	1个	1张	3个	8	/	2张	6个
4	1个	/	5个	9	/	1张	8个
5	/	5张	/	10	/	/	10个

知道吗

1. 阅读

为什么人民币的面值只有 1，2，5？其实，在 1 到 9 这九个数字中，有重要数和非重要数之分，1，2，5 就是"重要数"，通过排列组合，可以简单地把每一种钱数都组合出来，满足生活付钱的需要。而且，只用 1，2，5 三个基本数，使得生产的面值种类就比较少，可以节约资源，方便实用。

1，2，5 在钱币中的地位是不一样的。一般，1 以及 10，100 等最重要，5 次之，2 最少。国家的发行量也是 1 元的最多，5 元次之，2 元最少。

那美元、欧元以及其他国家的钱币，他们也会采用 1，2，5 制度吗？如果你有机会到这些国家旅游，可以收集一些钱币进行研究。

2. 探索

豆豆带了 1 张 5 元、4 张 2 元和 8 张 1 元的纸币。现在他要买 8 元钱的一本小说，

（1）他共有几种不同的付钱方法。（想一想用什么方法可以说明清楚）

（2）最少要用几张纸币付钱？

如何付钱？共有几种不同的付法？源于生活的数学问题，会让孩子感到特别亲切。通过动手操作，有序思考，探索出所有的情况，小曹同学经历了完整的"做数学实验"的研究过程。在这过程中，他可以获得对 1，2，5 三个数字组合的探索，对穷尽思想的初步感悟，也会对币值中"重要数"的一种深度体验，这就是"数学实验"带给小曹同学的收获。对于类似这样的生活中的数学问题，多收集，多动手，多思考，孩子就会越来越喜欢数学，也会越来越聪明。

18 你会破解"密码锁"吗

（难度：★★☆☆☆）

为什么做这个实验

知棋：哎呀，我把密码箱的密码给忘了！这可怎么办呀？

博宸：你还能记住点什么？再想一想！

知棋：我只记得密码的 3 个数字加起来和是 5。

芷翎：这得试到什么时候呀？

欣航：不急不急，我们还是先把每种情况都写出来吧，你们看：3 个数字加起来和是 5，0 + 2 + 3 = 5，1 + 1 + 3 = 5，1 + 2 + 2 = 5……只要我们有序去写，就能全部写出来。

知棋：要不，我们来个自由组合，实验比赛，哪个小组开锁用时最少，哪个组就胜利，我这本笔记本就送给他们做纪念。

众人：这个点子好。

准备材料

笔

密码锁

一些白纸

这样来做

1. 自由组合分成4组（2人一组）

第一组 博宸、洛熙

第二组 欣航、芷翎

第三组 鑫怡、知棋

第四组 卓玲、予涵

2. 确定一个幸运数字 5，由家长设置一个密码（3 个密码数字相加为 5）

3. 尝试破解密码

实验比赛开始啦！四组同学迅速化身成小侦探，全力破解密码锁。他们需要用纸笔记下他们认为可能的密码，再逐一尝试是否能将密码锁打开。

最终，第三组的两位同学最先破解了密码，用时仅 1 分 39 秒！取胜的秘诀便是从数字小的开始，一人记录，一人开锁，找对了方法，又学会了分工合作，这样就会比较快！

4. 寻找该密码的所有组合情况

通过大家的一起努力，我们合作找出了所有组合情况，现在列表格来说明：

0开头	1开头	2开头	3开头	4开头	5开头
0+0+5	1+0+4	2+0+3	3+0+2	4+0+1	5+0+0
0+1+4	1+1+3	2+1+2	3+1+1	4+1+0	/
0+2+3	1+2+2	2+2+1	3+2+0	/	/
0+3+2	1+3+1	2+3+0	/	/	/
0+4+1	1+4+0	/	/	/	/
0+5+0	/	/	/	/	/
共6种	共5种	共4种	共3种	共2种	共1种

借助表格，用有序枚举的方法，就可以找到所有组合情况，请大家观察表格，是不是很有规律：

0 开头的有 6 种；1 开头的有 5 种；2 开头的有 4 种；3 开头的有 3 种；4 开头的有 2 种；5 开头的有 1 种；我们发现这是逐步减 1 的数列：6，5，4，3，2，1。

我们用"大手拉小手"的方法很快就算出了所有的情况：

$(6+1)+(5+2)+(4+3)=(6+1)×3=21$（种）

通过实验比赛，我们小组终于发现：3 个数字加起来和是 5 的密码，总共有 21 种情况。

感悟 1：要学会分工合作。第三组的小朋友因为分工合作得好，所以最快破解了密码。

感悟 2：要学会有序思考。要快速找出所有可能的情况，需要学会有序思考，比如我们可以将第一个数字先固定为 0，第二位上的数字从 0 开始依次加 1，以此类推，这样就能够比较迅速找出来。

感悟 3：要学会寻找规律。按照有序思考的办法一个个写下来，写到最后答案自然就出来了，但这还不是最快的方法。通过思考，我们发现，5 是由三个数字组成的和其排列是有规律的。找到了这种规律，破解密码的速度就会提高。

1. 阅读

你知道最早的密码是怎样诞生的吗？

公元前 405 年，在雅典和斯巴达之间的伯罗奔尼撒战争中，最早的密码诞生了，间谍在腰带上写满了杂乱无章的希腊字母，必须要通过特定的密码序列组合才能获得准确的情报。中国是世界上最早使用密码的国家之一，而最难破解的"密电码"也是中国人发明的。

2. 探索

豆豆到游乐园游玩，游乐园有一张价目表（见下表）：

项目	价格	时间
骑木马	1元	10分钟
蹦床	2元	10分钟
电动车	5元	10分钟
碰碰车	8元	10分钟

（1）爸爸只让豆豆玩20分钟，那么豆豆共有多少种不同的搭配方式可以玩？请你一一列举出来。（不考虑项目的先后顺序）

（2）如果爸爸让豆豆玩30分钟，要求玩三个项目但不能重复，那么豆豆共有多少种不同的搭配方式可以玩？请你一一列举出来。

19 怎么安排护卫最节省时间

（难度：★★★☆☆）

为什么做这个实验

这几天雾霾严重。每天上学，小朋友们从校门口到教学楼需要经过 20 米长的露天长廊，为了确保小伙伴不受雾霾的影响，我们魔法护卫队出动啦！怎么样才能让校门口的小伙伴又快又安全地抵达教学楼？

小伙伴们穿越速度各不相同，可供使用的魔法道具是 1 个魔法斗篷，1 个魔法斗篷每次最多能保护 2 人不受雾霾伤害。请我们魔法护卫队的 4 名小魔法师们为大家设计一个最节约时间的方案，怎么样？

准备材料

1. 祖传量天尺——4 把（脚步）

小艺单人穿越 20 米长的露天长廊需耗时 10 秒。

小洛单人穿越 20 米长的露天长廊需耗时 11 秒。

小越单人穿越 20 米长的露天长廊需耗时 16 秒。

小雅单人穿越 20 米长的露天长廊需耗时 18 秒。

2. 魔法斗篷——1 件

由于每次运送都要用到魔法斗篷，而斗篷只有 1 个，所以需要有人到了教学楼后再折返。

运送方案①：

全程由速度最快的那个小魔法师负责接送。

路程	成员	耗时(秒)
教学楼 → 校门口		11
教学楼 → 校门口		10
教学楼 → 校门口		16
教学楼 → 校门口		10
教学楼 → 校门口		18
合计		65

运送方案②：

先让最慢的那 2 个小魔法师一起走，其中稍快点的那个负责第 1 次折返，然后和第 2 快的小魔法师一起走，再由第 2 快的小魔法师负责折返，最后和最快的那个小魔法师一起走，这样有没有可能会快一点呢？我们来看表格：

路程	成员	耗时（秒）
教学楼 ← 校门口	👒 👒	18
教学楼 ← 校门口	👒	16
教学楼 ← 校门口	👒 👒	16
教学楼 ← 校门口	👒	11
教学楼 ← 校门口	👒 👒	11
合计		72

结果更慢了…… 4个小魔法师都表示没方法了。陈魔法师鼓励说："没事儿！不要泄气！咱们再来！"

运送方案 ❸：

先让比较快的2个小魔法师一起走，其中较快的小魔法师折返后，让刚才留在校门口的2个比较慢的小魔法师一起走，再由第1次就到达教学楼并留在原地的那个比较快的小魔法师负责折返，再和第1次折返的那个最快的小魔法师一起走。请看下表。

路程	成员	耗时(秒)
教学楼 → 校门口	👧🧙	11
教学楼 → 校门口	🧙	10
教学楼 → 校门口	🧙🧙	18
教学楼 → 校门口	🧙	11
教学楼 → 校门口	👧🧙	11
合计		61

会发生什么

方案 3，完胜！这才是魔法护卫队真正的实力！

为什么方案 3 最节省时间，其中有什么规律呢？

首先，从校门口到教学楼，如果速度相差很大的两人为一组，不是以速度快的为标准，而是以慢的速度为标准。

如果最快和最慢分为一组，速度快的就不能发挥最大作用了。

原来让最快的小魔法师全程护送并不是最快的办法啊！

对的！我们是一个集体，应该协同作战！

分分类吧！快的、慢的各分一组，会有意外的效果哦！

慢的别急，咱们一起走；快的辛苦些，分分工，多跑几个来回！

其次，要安排速度最快的人返回，这样最节省时间。

我们应该把速度差不多的分为一组，简单地说，就是快的一起送，慢的一起走，折返要靠"飞毛腿"，这样才能合理安排好时间，提高运送效率。

好神奇哦，原来不同的运送方案之间会有那么大的时间差别！

玩玩看

在漆黑的夜里，四位旅行者来到了一座狭窄而且没有护栏的桥边。如果不借助手电筒的话，大家是无论如何也不敢过桥去的。不幸的是，四个人一共只带了一只手电筒，而桥窄得只够两个人同时过。如果各自单独过桥的话，四人所需要的时间分别是1、2、5、8分钟；而如果两人同时过桥，所需要的时间就是走得比较慢的那个人单独行动时所需的时间。问题是，如何设计一个方案，让这四人尽快过桥（请写出过程）。最少的时间是多少？

20 你会玩易子棋吗

（难度：★★★☆☆）

为什么做这个实验

"10后"的我们，都喜欢玩棋，什么飞行棋、五子棋、跳棋，还有象棋、围棋，总会玩其中的一两种棋。

"10后"的朋友，你玩过"易子棋"吗？

估计很多人没有玩过。没有关系，今天让我们教教你怎么玩"易子棋"，探索这其中的奥秘。

准备材料

准备黑白棋子各两枚

自制1×5方格纸1张

① 实验规则

第 1 步：将棋子摆放成图 1。

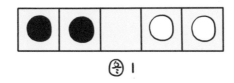

图 1

第 2 步：黑、白棋子轮流走棋。走棋要遵守以下规则：

（1）棋子每走一步，可以移动到相邻的空格中，如果相邻格子有棋子，也可以跳过相邻格子中的棋子到达相邻格子旁的空格中，但是不能跳过两枚棋子。

（2）通过走棋，使得黑子和白子交换位置，即由图 1 变成图 2。

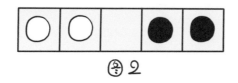

图 2

② 实验猜想

通过走棋，使得黑子和白子交换位置，最少要几步？

要解决以上猜想问题，实在有点难呀，我们是不是可以从简单的问题入手，看看其中有没有规律。

实验① 探索1黑1白规律

我们先从1黑1白两枚棋子开始吧！

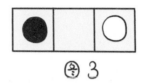

图 3

我们很快探索出来，只要三步，看一看三步过程吧：

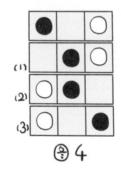

图 4

1黑1白最少走三步。具体的做法是：移，跳，移。

实验② 探索2黑2白规律

2黑2白棋子最少要几步呢？可是棋子走了几步就动弹不得了(见图5)，这是怎么回事呢？往右移动的黑子无法走动，往左移动的白子也无法走动了，黑子和白子都陷入了僵局。

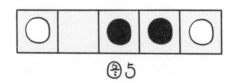

图 5

如果想要移动的棋子前有连续两枚棋子，它就没有办法移动了，看来下一步棋时，还得想好后面的一步棋呢！

我们也是在一次一次的实验中获得了一点经验，跟大家分享一下：

（1）不管黑子还是白子都不能走回头路；

（2）尽管"跳"可以进两格，但是并不是"跳"一定减少步数，有时候还是要"移动"棋子；

2黑2白交换位置最少要八步。

具体的做法是：移，跳，移，跳，跳，移，跳，移。

让我们来看看，怎样移动步数才能最少呢？

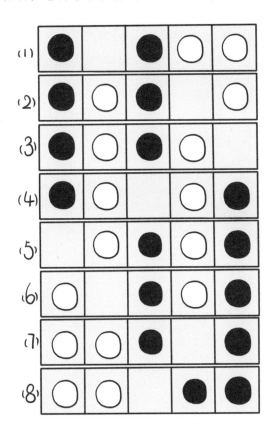

玩玩看

我们把两次实验的结果记录在下面的表格中。

此外，你还会产生什么新问题呢？

是呀，如果是 3 黑 3 白，最少要走多少步才能易棋呢？ 4 黑 4 白呢？ 如果更多的黑子和白子呢？ 如果你有兴趣，可以继续探索哦。

棋子数	1黑1白	2黑2白	3黑3白	4黑4白	n黑n白
最少步数	3	8	？	？	？

小贴士

　　"易子棋"下棋规则看似简单，但蕴含的规律却十分美妙。"三人行"组合从简单问题入手，借助数学实验，从实验操作，走向数学推理，进而发现数学规律，这样的学习过程就是研究过程。数学推理能力是数学中非常重要的能力，凡是能力，就都是可以训练的，孩子最愿意参与探究他们熟悉和感兴趣的活动！

21 李白是如何巧倒美酒的

（难度：★★☆☆☆）

天天：有一个盛满 8 两酒的大杯子，还有两个分别能装 5 两和 3 两酒的空杯子。现在只用这三个杯子，怎么才能保证李白和杜甫每人刚好喝到 4 两酒？

爸爸：晕，一位诗仙，一位诗圣，遇到这样的思考题，估计酒喝不成了。

天天：如果我把这个问题解决了，能不能不背李白的《蜀道难》？

爸爸：啊，这……

准备材料

一张纸（用来模拟三个酒杯）

八颗棋子（一颗棋子代表一两酒）

根据题目的意思可知，原来①号杯装满 8 两酒，②号和③号是空杯。

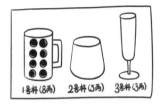

第 1 步: 从①号杯倒满②号杯。

第 2 步: 从②号杯倒满③号杯。

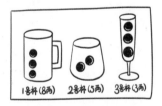

第 3 步: 再把③号杯里的酒（棋子）全部倒回①号杯。

第 4 步: 把②号杯里的酒（棋子）全部倒入③号杯。

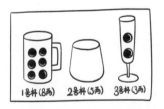

第 5 步: 从①号杯倒入②号杯，把②号杯倒满。

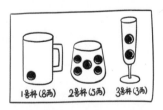

第 6 步： 从②号杯倒满③号杯。

第 7 步： ③号杯的酒（棋子）全部倒入①号杯。这时，①号杯和②号杯中都有 4 颗棋子（4 两酒）。

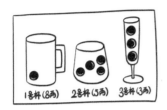

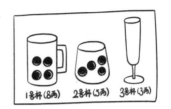

会发生什么

一个盛满 8 两酒的大杯子分别装到 5 两和 3 两酒的空杯子里，最少需要倒 7 次酒才能成功。实验的关键是要实现 2 号杯子的酒达到 4 两。因为没有刻度，只能让 3 号的杯子先实现 2 两酒，这样 2 号 5 两酒倒 1 两给 3 号杯子，就能实现关键目标了。

首先思维要非常清楚，先怎么倒，再怎么倒，一步一步不能错、不能乱；其次操作要规范，大杯、中杯和小杯中的酒什么时候该倒空，什么时候该倒满要满足要求；最后通过这个实验，要学会举一反三，拓展思路解决其他"平分液体"问题。

最开始的时候，9升罐是满的，5升、4升和2升罐都是空的。

实验要求是将红酒平均分成3份（最小的罐留空）。

因为这些罐都没有标明计量刻度，倒酒只能以如下方式进行：使1个罐完全留空或者完全注满。如果我们将红酒从1个罐倒入2个较小的罐中，或者从2个罐倒入第3个罐，这两种方式的每种都算作2次倒酒。

要想达到目的，最少需要倒酒多少次？你能把思考过程画出来吗？

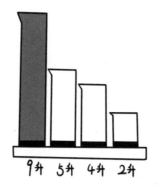

9升　5升　4升　2升

　　"巧倒美酒"原本是属于思维性很强的趣味题，可以用"数学实验"的方法，把"酒"换成"棋子"代替，化抽象为直观，大大方便操作，这就是创新精神。

第 5 章

数学建模实验

用橡皮泥制作一个圆形的"比萨饼",然后拿起刀切2刀、3刀、4刀……哎哟,竟然切出了一个神秘的"数列",太不可思议了。

黄鹂鸟嘲笑蜗牛:"葡萄成熟还早得很呀,现在上来干什么。"蜗牛唱道:"等我爬上它就成熟了。"蜗牛的心真大,不怕黄鹂鸟嘲笑。蜗牛真的爬得那么慢吗?蜗牛一分钟到底能爬多远?怎么比较准确地测量它的速度?

要想解决这些问题,就要学会"数学建模"。通过做这些有趣的数学实验,你就能掌握"数学建模"的本领啦!

㉒ 一副扑克牌能搭几层"金字塔"

（难度：★★☆☆☆）

为什么做这个实验

暑假，我们一家去埃及旅游。

爸爸：金字塔是世界七大奇迹之一，特别是发生在胡夫金字塔上的数字"巧合"。胡夫金字塔的底部周长如果除以它高度的 2 倍，得到的商是 3.14159，这就是圆周率的近似值，它的精确度远远超过希腊人算出的圆周率 3.1428。如果金字塔的总质量乘 1015，正好是地球质量。

成熙：这也太神奇了吧！爸爸，我们来玩一个实验，看看用一副扑克牌能叠几层"金字塔"？

准备材料

一副扑克牌

第1步: 选择一个水平的桌面,先摆底层的"柱子"——两张扑克牌互相支撑。

第2步: 同样的"柱子"摆放两组,然后在上面铺设"桥面"。

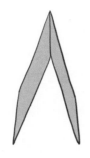

第3步: 以此类推,再摆第二层。

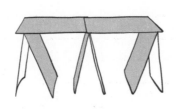

经过实验，一副扑克牌可以搭出五层"金字塔"，金字塔示意图和每层对应的扑克牌数量如下图：

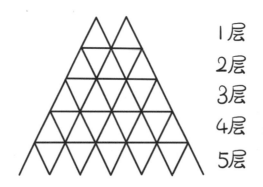

层数	支柱	桥面	合计
1	4	0	4
2	6	2	8
3	8	3	11
4	10	4	14
5	12	5	17
总计	40	14	54

桥面的数量除了第1层因为扑克牌数量不够，导致桥面数量为0，其他桥面数量按照1递增；支柱的数量按照2递增；经过计算，5层"金字塔"，扑克牌总数量共54张。我发现扑克牌"金字塔"也有一些神秘的规律：

（1）每一层的柱子数是偶数，相邻的柱子数相差2张扑克牌。

（2）除第一层外，其他每一层的桥面数相差1张扑克牌。

（3）除第一层外，其他每一层的扑克牌数递增3张。

生活中蕴藏着好多数的秘密，只要你细心去观察，就会发现。比如：1，3，6，10，15，21，……这些数都可以排成三角形，像这样的数被称为"三角形数"。

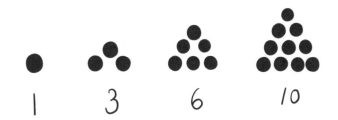

像 1，4，9，16，……这样的数可以摆成正方形，被称为"正方形数"。

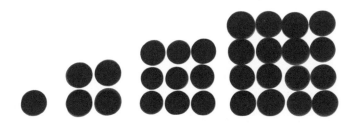

你还能找到哪些神秘的数？请记录下来，看一看能不能用图形表示出来。

23 比萨饼中藏着什么神秘数列

（难度：★★☆☆☆）

为什么做这个实验

数学学霸小朱生日，邀请了几位好伙伴到家里过生日，她让爸爸点了一个非常大的比萨饼送到家里。

小朱：桌上有一块比萨饼，切一刀，可分成2块，切两刀，最多可分成几块？切三刀，又最多可分成几块呢？

小林：这个太简单了吧，切一刀，分成2块，切两刀，分成4块，切三刀，分成6块呗！

小朱：结果真是这样吗？大家还是动手切一切吧，注意，要求是最多可以分成几块。

橡皮泥

纸

切刀

笔

这样来做

　　首先，我们用橡皮泥制作成一个圆形"比萨饼"，然后拿出切刀开始探索。我们打算从切 1 刀入手，然后探索 2 刀、3 刀、4 刀……看看这其中有没有什么规律。

　　步骤 1：切一刀，可分成 2 块。无论怎么切，都是 2 块。

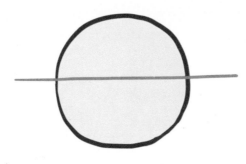

图 1　一刀最多切 2 块

步骤2：切两刀，我们可以想出两种切法。

第1种切法：如果第二刀和第一刀不相交，把饼切成了3块。

第2种切法：如果第二刀和第一刀相交，把饼切成了4块。

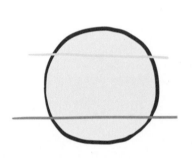 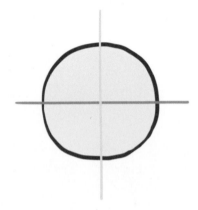

图2　两刀切3块　　　　　　　　　图3　两刀切4块

结论：切2刀，最多可以分成4块。

步骤3：我们继续实验，发现切三刀共有四种不同切法。

第1种切法：三刀刀痕都不相交，结果切成了4块。

第2种切法：第三刀只与前两刀中的一次刀痕相交，结果切成了5块。

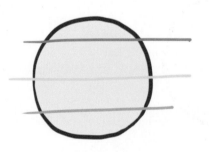 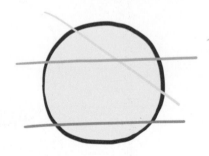

图4　三刀切4块　　　　　　　　　图5　三刀切5块

第 3 种切法：第三刀与前两刀刀痕都相交，结果切成了 6 块。

第 4 种切法：三刀刀痕两两相交结果切成了 7 块。

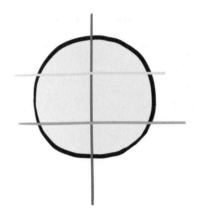

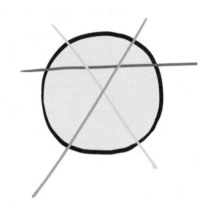

图 6　三刀切 6 块　　　　　　　图 7　三刀切 7 块

结论：切 3 刀，最多可以分成 7 块。

步骤 4：切四刀的切法就是在前三刀的基础上再切一刀，通过实验发现切四刀最多可分成 11 块，比切 3 刀增加了 4 块。

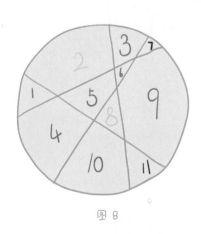

图 8

会发生什么

1. 实验数据整理

总刀数	0	1	2	3	4
增加的块数	0	1	2	3	4
总块数(最多)	1	2	4	7	11
计算	1	1+1	1+1+2	1+1+2+3	1+1+2+3+4

2. 实验数据分析

小朱：大家刚才观察到了吗，同样是切2刀、3刀、4刀，为什么有的方法切的块数多，有的方法切的块数少呢？请观察图8，找出切得最多块数的关键点。

小张：我发现了，要想切出最多块数，每一刀切下去都必须和前面的几刀有不重复的交点。

小朱：再观察表格，每刀切下去增加的块数和刀数有什么规律吗？

小林：每刀切下去增加的块数＝切的总刀数。

小朱：哇，好厉害，那么总块数跟总刀数有什么联系呢？

小赵：总块数（最多）＝ 1 + 1 + 2 + 3 + 4 + …… + 总刀数。

小朱：你们太聪明了。现在，我们可以用发现的规律来算一算切了10刀，最多可以切成几部分？总块数＝ 1 + 1 + 2 + 3 + 4 + 5 + 6 + 7 + 8 + 9 + 10 ＝ 56（块）。

我们发现：增加的块数是一个首项是1且公差是1的等差数列，太神奇了。

小朱终于忍不住了，把自己的发现滔滔不绝地讲出来……

如果你是一个低年级的小朋友，可以用上面发现的规律算一算：在一个圆饼上切8刀，最多可以被切成多少块？

如果你是一个高年级的大朋友，能不能用字母概括出上面的规律，比如在一个圆饼上切 n 刀，最多可以被切成多少块呢？

小贴士

精灵小分队借助分比萨饼小实验，寻找出了其中隐藏着的神秘数列，然后归纳推导出求这种数列的计算方法，把抽象的思考变成充满乐趣、操作性极强的研究过程，感受到数学原来如此好玩。要发现数学中的某种规律，我们可以采用"归纳法"。用归纳法发现规律，第一步就是先研究简单的例子，然后发现总结出规律，最后就可以用这个规律来解决问题啦！

24 蜗牛爬得有多慢

（难度：★★★☆☆）

为什么做这个实验

　　三年级科学课上，我们认识了蜗牛，数学课上，我们又研究了速度、时间和路程这一组数量关系。最近音乐课学会了唱《蜗牛和黄鹂鸟》，黄鹂鸟嘲笑蜗牛："葡萄成熟还早得很呀，现在上来干什么？"蜗牛唱道："等我爬上，它就成熟了。"蜗牛的心真大，不怕黄鹂鸟嘲笑。蜗牛真的爬得那么慢吗？我们小组决定研究以下三个问题：

　　1. 蜗牛每分钟能爬多远？

　　2. 不同的蜗牛爬行速度是否一样？

　　3. 蜗牛在不同材料上的爬行速度是否一样？

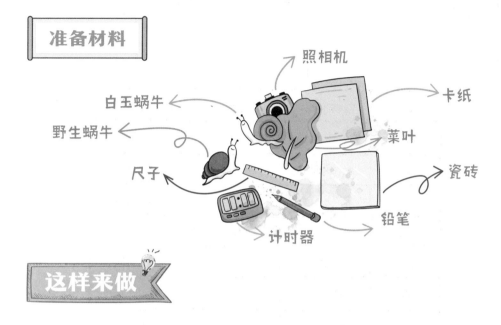

照相机

卡纸

白玉蜗牛

菜叶

野生蜗牛

瓷砖

尺子

铅笔

计时器

这样来做

实验 ① 蜗牛每分钟能爬多远?

实验方法：因为蜗牛爬行的方向不会听我们使唤，所以很难测量蜗牛爬行的速度。我们设计了同心圆的测量图，每圈间隔 1 厘米。这样不管蜗牛往哪个方向爬行，都便于测量蜗牛爬行的距离。

我把一只蜗牛放在圆心，等它开始爬行了，就给它计时。每次计时一分钟，测量它爬行的距离，一共进行了 10 次，并把每一次实验结果记录在蜗牛爬行速度记录表中。最后算出 10 次的平均速度。

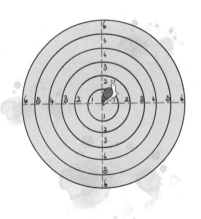

蜗牛爬行速度测量图

实验结果：

次数	爬行距离	爬行时间	爬行速度
1	8cm	60s	0.13cm/s
2	6cm	60s	0.10cm/s
3	8.5cm	60s	0.14cm/s
4	7cm	60s	0.12cm/s
5	8cm	60s	0.13cm/s
6	7cm	60s	0.12cm/s
7	6.5cm	60s	0.11cm/s
8	7cm	60s	0.12cm/s
9	6.5cm	60s	0.11cm/s
10	6cm	60s	0.10cm/s
平均值	7.05cm	60s	0.12cm/s

从上表可以看出，蜗牛在自然状态下，1分钟大约能爬行7.05厘米。

实验 2 不同蜗牛在相同材质上的爬行速度如何？

实验方法：将白玉蜗牛和野生蜗牛分别放在卡纸上，用铅笔画一条起跑线，用菜叶引诱两种蜗牛爬行，用计时器记时5分钟，测量两种蜗牛5分钟的直线爬行距离，然后计算蜗牛的爬行速度并进行比较。

实验结果:

次数 品种	1	2	3	4	5	均值
白玉蜗牛	20cm	15cm	22cm	25cm	20cm	4.08cm/分
野生蜗牛	10cm	12cm	8cm	15cm	10cm	2.2cm/分

　　从实验数据可看出：不同品种的蜗牛其爬行速度是有差别的，白玉蜗牛平均每分钟爬行 4.08cm，野生蜗牛平均每分钟爬行 2.2cm，白玉蜗牛爬行速度比野生蜗牛快很多哦。

实验 3　**相同的蜗牛在不同的材料上爬行的速度是否一样？**

　　实验方法：将野生蜗牛分别放在卡纸、地砖、玻璃上，用铅笔画一条起跑线，用菜叶引诱野生蜗牛爬行，用计时器计时 5 分钟，测量野生蜗牛 5 分钟的直线爬行距离，然后统计野生蜗牛每次的爬行速度并进行比较。

实验结果：

材料	5分钟内爬行的距离
玻璃	20厘米
卡纸	15厘米
地砖	13厘米

　　从以上表格可以看出：蜗牛在玻璃上的爬行速度最快，在卡纸上爬行就慢了许多，5分钟最多只能爬15厘米。而蜗牛在地砖上的爬行速度更慢。这个实验说明不同的材料对蜗牛爬行速度有影响。

通过以上三个小实验，我们可以得出如下结论：

第一，蜗牛的爬行速度很慢，每分钟只能爬行几厘米。

第二，不同品种的蜗牛，它们的爬行速度不同，白玉蜗牛爬得比野生蜗牛快。所以，并不是所有家养的动物就比野生的要笨拙，野生蜗牛就比家养的白玉蜗牛要笨拙一些。

第三，蜗牛在不同材质上的爬行速度不同，材料越光滑蜗牛爬行越快。对于这一点，可能有很多人会觉得，光滑容易打滑，所以不利于爬行，其实并非如此。蜗牛在爬行的过程中要分泌一种黏液来帮助爬行和保护自己，如果材料很粗糙，蜗牛需要分泌更多的黏液才能爬行，而在光滑的材料上就不需要分泌太多的黏液。所以蜗牛在越光滑的物体上爬行速度越快。

玩玩看

你肯定知道蚂蚁是一种昆虫，它很有灵性，身上有一种团队精神，而且非常勤奋。如果你胆子比较大，可以到户外抓几只蚂蚁回家，然后设计一个测量蚂蚁爬行速度的方案，研究蚂蚁的爬行速度。你可以学一学以上的实验记录方法，写成一篇小实验报告。

小贴士

　　这个数学实验有很多地方值得肯定和学习，首先是改进测量工具，为了比较准确地测量蜗牛爬行的速度，孩子们设计了同心圆的测量图，每圈间隔1厘米，这样不管蜗牛往哪个方向爬行，都便于测量蜗牛爬行的距离；其次，采用对比实验，为了研究不同蜗牛在相同材质上的爬行速度，孩子们选择白玉蜗牛和野生蜗牛进行比较，为了研究相同的蜗牛在不同的材料上爬行的速度，让蜗牛分别在卡纸、地砖、玻璃上爬行。改进工具是为了获得相对准确的爬行速度的数据；采用对比实验，是为了深入研究蜗牛爬行受哪些因素影响。这些做法充分体现了孩子们"大胆猜想、小心实验"的研究精神。

25 如何制作"水杯琴"

（难度：★★☆☆☆）

为什么做这个实验

嘉嘉：爸爸，你知道用小棒轻轻敲打盛水的玻璃杯会发出什么声音吗？

爸爸（做沉思状）：呃……会不会是"Do"呢？也许是"Re"。

嘉嘉：爸爸，我觉得你说的不完全对，玻璃杯中的水量不同，小棒轻轻敲打应该会发出不同的声音。

爸爸：实践是检验真理的唯一标准，让我们一起做个实验，瞧瞧到底会有什么结论。

嘉嘉：好的，我去准备实验材料。

1个量筒

1张纸

1支笔

一些水

1个玻璃杯

1根小棒

这样来做

第一步：

用小棒轻轻敲打空杯，发出清脆的声音"Ti"；

第一次用量筒量出 30 毫升的水倒入空杯中，再用小棒轻轻敲打玻璃杯，发出的声音是"Sol"。

第二次再增加 30 毫升水，用小棒轻轻敲打玻璃杯，发出的声音是"Mi"。

第三次再增加 30 毫升水，用小棒轻轻敲打玻璃杯，发出的声音是"Re"。

第四次增加 30 毫升水，再用小棒轻轻敲打玻璃杯，发出的声音是"Do"。

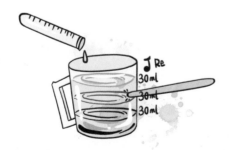

第二步： 把得到的信息记录在下表中。

水杯中的音阶							
音级唱名	Do	Re	Mi	Fa	Sol	La	Ti
水量(ml)	120	90	60		30		0

通过分析表格中的数据，我猜测：

（1）往空玻璃杯中倒入 1 ～ 29 毫升的水，轻敲玻璃杯，可能会发出声音"La"。

（2）往空玻璃杯中倒入 31 ～ 59 毫升的水，轻敲玻璃杯，可能会发出声音"Fa"。

第三步：

为了验证猜想，我将玻璃杯中的水倒干净，先用量筒盛 20 毫升的水倒入空杯中，轻轻敲打玻璃杯，隐隐约约发出"La"的声音，再用量筒加 5 毫升的水倒入杯中，轻轻敲打玻璃杯后发出清晰的声音就是"La"。

将玻璃杯中的水倒干净，先用量筒盛 40 毫升的水倒入空杯中，轻轻敲打玻璃杯，隐隐约约发出"Fa"的声音，再用量筒加 10 毫升的水倒入杯中，轻轻敲打玻璃杯后就发出清晰的声音"Fa"。

会发生什么

终于把 7 个音级和相对应的水的容量研究清楚了，下表是我的记录。

水杯中的音阶							
音级唱名	Do	Re	Mi	Fa	Sol	La	Ti
水量(ml)	120	90	60	50	30	25	0

从表格中，我发现：

（1）水杯中的水量越多，音高越低；水量越少，音高越高。

（2）并不是相邻的音阶的水量间距都是 30 毫升，你看 Mi ～ Fa 水量只相差 10 毫升，Sol ～ La 水量相差 5 毫升。

以上是七度水杯音阶。如何制作八度水杯音阶？

首先要从乐音体系说起，乐音体系中有七个具有独立名称的音级，叫基本音级。唱名是 Do、Re、Mi、Fa、Sol、La、Ti，与钢琴白键所发出的音基本符合，两个相邻的具有相同名称的音叫作八度。各基本音级之间的距离不尽相同，有全音也有半音，两个半音等于一个全音。总结音级规律可以发现，Do-Re、Re-Mi、Fa-Sol、Sol-La、La-Ti 这些音之间都有一个黑键，也就意味着这些相邻两音间的距离是全音，而 Mi-Fa、Ti-Do 这两组音间的距离是半音。利用这一原理可以将八度音阶两音间的关系总结为"全全半全全全半"。

而水杯敲击的音高取决于杯子中水的多少。相同水杯中，水越多，音越低；水越少，音越高。再结合音阶原理，就可以大致探索出一条制造八度水杯音阶的思路。一个半音水量定为 15 毫升，那 Do-Re、Re-Mi、Fa-Sol、Sol-La、La-Ti 之间水量间距就是 30 毫升，这样就可以做出基本的八度水杯音阶了。音阶中的音级有固定间距，而水杯根据水量间距的变化还可以变出很多不同间距的音阶，这样就丰富了音阶的变化。用不同水量制作出不同水杯音阶，可以演奏出丰富多彩的音乐风格。

26 如何制作"水钟"

（难度：★★☆☆☆）

为什么做这个实验

钟表还没发明前，人们是怎样计时的呢？这就要从立竿测影说起了。很早以前，人们发现树木在太阳照射下投出的影子会随着时间的变化而有规律地变化，于是从中得到启发，发明了日晷来计时。日晷计时要依靠太阳，如果没有太阳，又怎样计时呢？

古人用铜壶滴漏来计时，简单地说，就是用水量来测时，这也太神奇了，"水钟"真的能测时间吗？

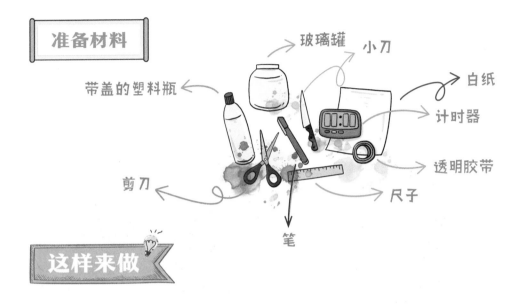

玻璃罐　小刀

带盖的塑料瓶

白纸

计时器

透明胶带

剪刀　尺子

笔

这样来做

准备工作：

① 将白纸裁成长方形纸条，用透明胶带将纸条竖着贴在玻璃罐的外面。

② 在塑料瓶的盖子上钻一个小孔，把盖子用塑料薄膜包好并扎紧。

③ 用小刀切掉塑料瓶的底部。

制作"水钟"：

① 把塑料瓶底部朝上，倒扣在玻璃罐内，往塑料瓶里灌水。

② 拿掉薄膜，让水滴到罐子里，开始计时。经过一分钟后，在纸条上画一条和水面齐平的线，旁边写上"1"；经过2分钟后，再画一条线，旁边写上"2"。

③ 按此方法操作，直到水流完为止，水钟就做好了。

使用说明：

① 重新在塑料瓶里装上水，从第一滴水滴下来开始计时。

② 水面到"1"这条线时，表示时间过去了1分钟，以此类推。

我们可以根据测量时间的长短来决定装水量。如果时间短就少装一些水，如果时间长就多装一些水。考虑到水压的缘故，计时可能会有误差。

水钟的工作原理是通过观察水位下降的位置，来推算时间。这与铜壶滴漏的工作原理不同，铜壶滴漏是观察水位上升时箭上所显示的刻度推算时间。

但壶中水的多少会影响漏水的快慢，这样会影响计时的准确性，这个问题该如何解决？聪明的古人采用增加水壶的方式，来保持上壶的水位恒定，从而保证计时的准确。

该铜壶滴漏，造于元朝公元1316年，现藏于中国国家博物馆。

玩玩看

你能用2个玻璃瓶、1个带有玻璃导管的橡皮塞、1个夹子、1根橡胶管、尺子和记号笔做一个简单的"水钟"吗？感受一下"水钟"是怎样计时的。

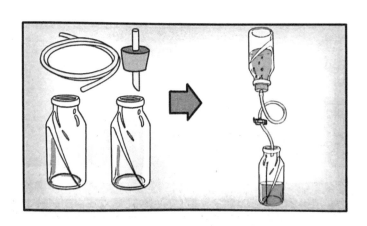

数字关系实验

"100"可以怎么"变形"

发现线段交于 25。

数"10000"粒豆要多久

25 张

怎样练就一双"透视眼"

（1）$7 \times 10 - 4 = 66$　（2）$7 \times n - 4 = 7n - 4$　　第五次朝上的面是 4。

怎样称出一片"鸿毛"的质量

1 微克 = 0.000001 克

空间想象实验

人体藏着哪些"尺子"

英尺是指成年男性脚尖到脚后跟的长度。1 英尺约 30 厘米。

数学推理实验

你真的会算钱吗

1.一共有 7 种方法，如下表。

方法	5元	2元	1元	方法	5元	2元	1元
1	1张	1张	1张	5	/	2张	4张
2	1张	/	3张	6	/	1张	6张
3	/	4张	/	7	/	/	8张
4	/	3张	2张				

2. 最少要付 3 张。

你会破解"密码锁"吗

（1）分为两类情况讨论，一类是同个项目玩 2 次，共 4 种情况，一类是选择不同的项目，共 6 种，共计 10 种情况。

（2）从 4 种项目中选出 3 种，共有 4 种情况。

怎么安排护卫最节省时间

设四个人分别为甲（1 分钟）、乙（2 分钟）、丙（5 分钟）、丁（8 分钟），

先甲与乙过桥，需 2 分钟，然后甲返回，1 分钟，共计 3 分钟；

再丙与丁过桥，需 8 分钟，然后乙返回，需 2 分钟，共计 10 分钟，

最后甲与乙过桥，需 2 分钟。

合计：15 分钟。

你会玩易子棋吗

棋子数	1黑1白	2黑2白	3黑3白	4黑4白
最少步数	3	8	15	24
可以这样算	$1\times(1+2)$	$2\times(2+2)$	$3\times(3+2)$	$4\times(4+2)$
也可以这样算	2^2-1	3^2-1	4^2-1	5^2-1

李白是如何巧倒美酒的

倒 6 次就可以解决问题，有 4 种不同方法，其中一种解法如下图所示：

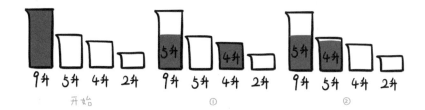

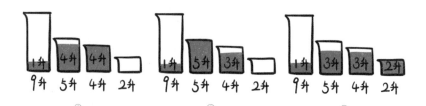

③   ④   ⑤

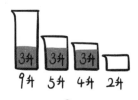

⑥

数学建模实验

比萨饼中藏着什么神秘数列

（1）$1+1+2+3+4+5+6+7+8=37$（块）

（2）$1+1+2+3+4+\cdots\cdots+n=1+n(n+1)\div2$

数学实验知识点与关键能力对应表（初级篇）

实验归属	序号	实验内容	知识点	关键能力	适用年级	难度系数	实验者
数字关系	1	"100"可以怎么"变形"	数的拆分与组合	数的变形能力	一年级	★★	二（3）班集体实验
	2	数"10000"粒豆要多久	大数的量感	数感培养	二年级	★★	魏弈舟
	3	流逝的时间能称出来吗	时间计数	计时工具创作	二年级	★★	王周璐
	4	怎样练就一双"透视眼"	探索数字规律	规律探索能力	二年级	★★★	陈敏政
	5	怎样做到"神机妙算"	数字运算	智慧运算能力	三年级	★★★	包瑾萱等
	6	怎样称出一片"鸿毛"的质量	极小数的计量	数感培养	三年级	★★★	楼政宇
空间想象	7	我的手掌有多大	创作面积单位进行估测	测量单位创作	一年级	★	张吴越
	8	能借助分蛋糕识音符节拍吗	借助"形"认识音符节拍	数形思想培养	一年级	★★	吴佳洛
	9	what？我的眼睛欺骗了我	图形与视觉错误	空间知觉能力	一年级	★★	苑锦心
	10	人体藏着哪些"尺子"	人体中的长度单位	测量单位探寻	二年级	★★	金真瑶等
	11	哪些图形是轴对称图形	轴对称图形	图形变换能力	二年级	★★	计宇韬
	12	怎么穿越A4纸	图形周长	图形特征应用能力	三年级	★★	李硕
	13	如何私人定制"脚步尺"	人体中的长度单位	测量单位创作	二年级	★★★	严梓赵
	14	什么形状最稳定	认识三角形稳定性	图形特性探索能力	三年级	★★	张予宸

实验归属	序号	实验内容	知识点	关键能力	适用年级	难度系数	实验者
数据分析	15	"假期去哪儿玩"怎么决定	统计表认识与数据初步分析	数据分析观念培养	一年级	★	庄毅然
	16	我花了父母多少钱	统计调查	统计思维培养	三年级	★★★	庞正一
推理论证	17	你真的会算钱吗	简单组合	有序思想培养	一年级	★	曹晨煜
	18	你会破解"密码锁"吗	分类与组合	分类与有序思想培养	二年级	★★	杨博宸等
	19	怎么安排护卫最节省时间	统筹优化	统筹思想培养	三年级	★★★	黄荻雅等
	20	你会玩易子棋吗	棋子空间交换与记忆	空间推理能力与化繁为简思想培育	二年级	★★★	周成菲等
	21	李白是如何巧倒美酒的	空间交换与推理	空间推理能力培养	二年级	★★	周天麒
数学建模	22	一副扑克牌能搭几层"金字塔"	图形计数与数列规律的关系	等差数列应用	二年级	★★	段成熙
	23	比萨饼中藏着什么神秘数列	图形计数与等差数列关系	等差数列应用	二年级	★★	黄海珏等
	24	蜗牛爬得有多慢	慢速度测试	速度测试模型建构	三年级	★★★	蒋欣泽等
	25	如何制作"水杯琴"	数字表征水量与音量的关系	对应关系模型建构	二年级	★★	华栩嘉
	26	如何制作"水钟"	数字表征水量与时间的关系	对应关系模型建构	二年级	★★	周昕妍等